KB198021

온
천
위
치

기노사키 온천 ♨
요나고 온천 ♨
미사사 온천 ♨
아리마 온천 ♨
벳푸 온천 ♨
구로카와 온천 ♨
시라하마 온천 ♨

돗토리   효고

에히메   와카야마

오이타

구마모토

가고시마

♨ 도고 온천

사쿠라지마 후루사토 온천 ♨
이부스키 온천 ♨

♨ 유후인 온천
♨ 나가유 온천

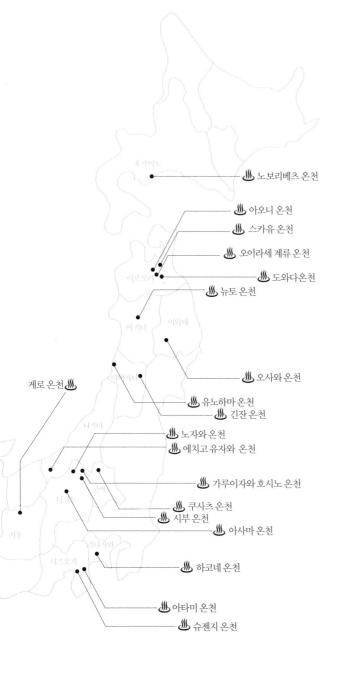

노보리베츠 온천

아오니 온천

스카유 온천

오이라세 계류 온천

도와다온천

뉴토 온천

게로 온천

오사와 온천

유노하마 온천

긴잔 온천

노자와 온천

에치고 유자와 온천

가루이자와 호시노 온천

쿠사츠 온천

시부 온천

아사마 온천

하코네 온천

아타미 온천

슈젠지 온천

일본 온천 료칸 りょかん 여행

사진과 글 이형준

즐거운상상

힐링이 필요한 도시 생활자를 위한

온천 료칸으로 떠나는

休 여행 레시피

온천은 일상의 누적된 피로를 씻는 곳이 아니다. 최소한 일본인에게는 그렇다. 그렇다면 따뜻한 온천수에 몸을 담그고 평소 접하기 어려운 음식을 맛볼 수 있다는 것? 그러나 그게 전부는 아니다. 온천은 일본 역사에서 오랜 세월에 걸쳐 형성된 고유한 문화다. 약 3,000여 곳에 달하는 일본 온천 마을 중 여러 곳을 여행하면서 3대 온천, 10대 온천, 100대 탕, 무수한 온천 마을의 유래와 배경을 들었다. 그리고 유명 온천 마을마다 비치된 안내 책자에는 어김없이 1,000년이 넘는 역사를 자랑하는 문구가 있다. 이런 이야기를 다 믿기 힘들다하더라도, 일본에는 세계 어느 나라보다 많은 온천이 있고, 늘 온천 마을을 찾는 여행객이 있는 온천 왕국이란 사실이다.

단풍이 들고 찬바람이 불기 시작하면 지인들로부터 좋은 온천지를 추천해달라는 전화가 많이 걸려온다. 일본의 독특한 온천 마을과 료칸 문화를 즐기는 이들이 늘어나고 있다는 반증인데, 그때마다 온천 마을 여행 경험을 들려주고 스스로 판단하고 결정하도록 권한다. 막역한 사이라면 구체적인 장소를 추천하기도 하지만, 수천의 온천 마을과 수만 채의 료칸 중에서 한두 곳을 추천한다는 것이 쉬운 일은 아니다. 또 아직도 가보지 못한 온천마을이 더 많기 때문이기도 하다.

지난 25년 동안 일본 최초 세계자연유산으로 등재된 가고시마 남쪽 야쿠시마부터 최북단 홋카이도 시레토코까지 100여 회 일본 여행을 하였다. 온천 여행을 따로 다닌 적도 많았지만 도시 여행 중에도 가능하면 시간을 내어 작은 온천 마을을 찾고 료칸에서 묵었다. 온천을 하고 묵었던 료칸의 수를 정확히 기억할 수는 없지만, 100여 곳이 넘는 온천 마을의 료칸에 짐을 풀었고 온천욕을 즐긴 횟수는 서너 곱절은 될 것이다. 그간 온천 마을과 료칸을 선택하고 즐기는 데 나름의 노하우가 생겼다고 생각하지만 아직도 새로운 온천을 찾을 때면 설렌다. 비록 미약한 경험이지만 료칸과 온천여행에서 얻은 경험을 독자와 공유하고자 《일본 온천 료칸 여행》을 쓰게 되었다.

이 책을 쓰면서 온천 마을은 온천탕과 료칸 등의 숙박시설을 중심으로 형성된 인구 수천 명의 작은 마을이라고 나름대로 정의하였다. 하지만 일본의 경우 천년이 넘는 온천 역사를 지니고 있기에, 작은 마을이 긴 세월 동안 중소도시로 바뀐 곳이 여럿 있다. 다녀본 여러 온천 마을 중에서 역사나 마을의 규모 등을 떠나 온천 기능을 갖추고 있고, 일본 내 다양한 지역에 위치한 온천 마을을 중심으로 소개하였다. 산속 깊은 흰 눈 온천 뉴토 온천, 램프 온천 아오니 온천, 버드나무 살랑대는 기노사키 온천, 푸른 숲속 구로카와 온천, 은하수가 흐르는 강변 게로 온천, 센과 치히로의 도고 온천 등 온천 여행의 로망을 불러일으키는 유명 온천 30곳과 료칸 정보를 담았다. 전통 방식을 고집스레 지켜가는 온천과 료칸, 그리고 다양한 시설을 갖춘 온천 마을과 다양한 온천 경험을 할 수 있는 중 대규모 온천 마을과 료칸을 함께 소개한 것은 다양한 선택을 고려한 것이다.

온천 마을에서 가장 중요한 것은 어쩌면 료칸이다. 일본의 전통 숙박시설인 료칸은 오랜 역사를 자랑하며 저마다 독특한 객실 분위기와 음식, 서비스를 제공하고 있다. 온천 료칸은 하룻밤 머물고 떠나는 호텔과는 비교할 수 없는 일본 특유의 극진한 서비스가 제공된다. 잘 가꿔놓은 정원과 넓은 객실은 말할 것 없고, 따뜻한 온천욕, 눈과 코와 혀를 자극하는 개성이 넘치는 요리, 여기에 극진함을 넘어 감동을 안겨주는 서비스를 경험할 수 있다. 손님을 맞는 것부터 떠날 때까지의 세심하고도 편안한 서비스는 여행을 마친 후에도 오래도록 마음에 남는다. 그래서 일본인들도 오랜 전통을 이어온 온천 료칸에 머무는 것을 여행의 로망으로 꼽는다.

소개한 몇몇 온천 마을은 사계절 경험한 곳도 있지만 어떤 곳은 한 차례에 그친 곳도 있다. 또한 분량상 다 소개하지 못한 곳도 많다. 다만 일본 온천조합과 다양한 매체, 온천 마니아 동우회 등의 설문조사에서 각 부분별 상위권에 위치한 온천 마을을 소개하고자 하였다.

분주한 도시에서 벗어나 호젓하고, 느긋하게 즐기는 온천 여행에 이 책이 도움이 되었으면 좋겠다. 이 책을 하나의 레시피로 삼아 나에게 맞는 온천과 료칸을 찾아가는 힐링 여행을 떠나보길 권한다.

책이 나오기까지 많은 지인의 도움이 있었다. 온천과 료칸에 관심을 갖게 해준 김자경 님, 바쁜 직장 생활에도 늘 도움을 준 임우진 님, 여러 정보를 제공한 JNTO서울사무소, 친절한 이경민 님, 그리고 항상 다양한 요구를 수용해 준 즐거운상상 식구들에게도 진심으로 고마움을 전한다.

2013년 2월 이형준

12년 전 겨울 《일본 온천 료칸 여행》을 펴냈다. 당시 생소한 주제라 제법 시선을 끌었다. 어느덧 시간이 많이 흘렀고 여행은 물론 모든 분야에서 큰 변화를 맞게 되었다. 온천여행에도 변화가 생겼다. 이에 발맞춰 정보를 새롭게 정리하고 추가하여 개정판을 선보이게 되었다.

온천이 활성화된 국가는 생각보다 많다. 우리나라, 중국, 독일, 체코, 헝가리, 스위스를 시작으로 미국, 캐나다 등 대륙을 불문하고 온천을 즐긴다. 20세기 이후 온천욕이 건강에 유익하다는 여러 연구가 발표되면서 늘어나는 추세지만 일본만큼 다양한 형태의 온천이 운영되는 곳은 어디에도 없다.

일본에 온천이 정확히 얼마나 있는지 다 파악하기 어렵다. 일본인에게 온천은 이벤트가 아닌 생활 속에 깊게 자리한 문화다. 그래서 늦가을이나 겨울은 물론 무더운 여름에도 온천을 찾아 몸과 마음의 피로를 해소한다.

얼마 전 일본에 거주하는 지인에게 일본인들이 온천을 가장 많이 찾는 때가 여름방학 시즌이라는 이야기를 들었다. 귀를 의심하여 두 번 세 번 확인했었다. 그만큼 일본인에게 온천은 기회만 생기면 즐기는 생활의 일부인 것이다.

일본 통계청 자료에 따르면 등록된 료칸은 43,400여 곳에 이른다. 숫자만 보면 10,000곳에 달하는 호텔보다 압도적으로 많지만, 가용객실과 수용인원은 호텔이 앞선다. 일본의 숙박시설도 여느 나라와 별반 다르지 않지만, 다른 국가에서 보기 드문 료칸이 있다.

료칸은 단순한 잠자리를 제공하는 곳이 아니다. 휴식과 잠자리를 넘어 문화 공간으로 확고한 위치를 차지하고 있다. 료칸은 가업으로 이어지며 운영 주체도 남성이 아닌 여성이다. 또 수많은 문학과 영화의 무대였고 흥미로운 이야기의 산실이기도 하다. 무엇보다 료칸은 극진한 서비스를 제공하고 온천이란 매력적인 요소가 더해진 숙소이다. 료칸은 오랜 세월 편안한 휴식과 다채로운 음식 그리고 특화된 서비스로 많은 마니아를 보유하고 있다.

일본 여행을 준비하고 있다면 세상 어느 곳에서나 비슷한 서비스를 제공하는 호텔보다 개성 넘치는 료칸에서 일본인의 생활 속 깊게 자리한 온천을 경험해 보길 권한다.

2025년 2월 이형준

문학과 온천

꼭 가보면 좋은 온천 10

온천과 료칸 Q&A

＊ 책에 표시된 금액은 2024년 12월 현재를 기준으로 하였습니다.
각 료칸의 객실 요금은 자체 홈페이지에 제시된 평일
금액(2024년 12월 현재)을 기준으로 하였으며, 주말과 공휴일
은 요금이 달라집니다.

겨울에는 흰 눈 온천

일상은 잠시 내려놓고 설원 속에서 노천욕

아오모리현
아오니 온천

아
오
니
　
온
천
　
료
칸

눈 온 밤의 꿈같은 호롱불 온천
아오니 온천

아오모리현에는 겨울 직업이 있다. 다름 아닌 눈 치우는 일이다. 사람 키보다
높게 쌓인 지붕 위의 눈을 치우는 것은 아주 위험한 일로, 숙련된 이들만 할 수
있다. 몸값도 아주 높은 것으로 유명하다. 겨울이면 흰 눈에 덮여 하늘과 땅을
구분하기가 힘들고, 모든 소리는 마치 눈 속으로 사라지는 곳. 오로지 눈 앞의
풍경에만 집중하게 만드는 아오모리의 겨울은 눈처럼 밝게 빛난다.

　　　아오모리 공항에서 40여 분 달리면 인구 4만 명의 작은 소도시
쿠로이시(黑石)와 만난다. 도시라기보다 소읍에 가까운 이곳을 찾은 것은
신비한 아오니 온천이 있기 때문이다. 전깃불조차 들여놓지 않은 깊은 산속에서
호롱불에 의지해 은은히 빛나는 설경을 마주하고 온천욕을 즐긴다. …
상상만으로도 흥분되지 않는가?

　　　쿠로이시 외곽의 아오니 계곡에 위치한 아오니 온천은 봄부터
가을까지는 자동차로 갈 수 있지만, 겨울에는 '아오니 계곡'의 주차장에서
설상차를 타거나 눈길을 걸어야 한다. 영화에서나 보던 독특한 설상차를 타는
것도 흥미로웠지만, 8킬로미터 거리를 3시간 넘게 걸어간 것이 기억에 오래
남아있다. 아오모리는 사과나무가 흔하지만, 아오니 계곡에는 너도밤나무와
자작나무가 많아 설국의 진수를 느낄 수 있다. 특히 너도밤나무의 지구촌
최대군락지인 시라카미산지에 속해 있어 겨울 풍경을 만끽하기에 더없이 좋다.

(가는 길)　항공 : 인천 – 아오모리 공항. 대한항공 3회(수, 목, 일) 직항(2시간 20분 소요).
　　　　　버스 : ① 아오모리 공항 – 히로사키행 버스(약 55분), 히로사키 버스
　　　　　터미널역에서 쿠로이시(黑石)역행 버스(약 45분) – 누루카와(温川)행 버스(약
　　　　　35분) – 니지노코코엔마에(虹の湖公園前) 하차 – 온천행 송영버스로 약 15분
　　　　　② 신아오모리역(동쪽 출구 4번 승차장)에서 아오니 온천행 버스(4.1~2.24까지
　　　　　금토일 운행 13:40 출발, 16:00 도착). 겨울에는 셔틀버스와 스노모빌로 이동.
　　　　　택시 : 아오모리 공항에서 미치노에키 니시노코(道の駅「虹の湖」)까지
　　　　　50~60분 소요, 요금은 8,500~9,000엔. 두 사람 이상이면 택시를 이용하는 것이
　　　　　유리하며 온천에서 택시 예약시 6,000엔.

가장 유명한 혼탕인 류신탕. 혼탕이지만 낮 시간에는 남성,
저녁시간에는 여성들이 많이 찾는다.

아오니 온천 입구. 온통 설원이다.

겨울동안 손님을 실어 나르는 설상차로, 눈이 많은 동북지방에서
만날 수 있는 특별한 경험이다.

아
오
니
온
천
료
칸

青
荷
温
泉

주소 : 아오모리현 쿠로이시시 오자오키우라

홈페이지 : https://www.aoninet.com/en/index.html

연락처 : 0172 54 8588

객실 형태 : 전 객실 화실(본관·수차관, 별관 3채) 총 35실

객실 요금 : 4~9월 말까지 1박 2식(조·석식) 1인 기준 11,000엔,
10월~3월 말까지 13,000엔

체크인, 아웃 : 15:00, 10:00

온천탕 : 모두 4개 온천탕. 남녀별 실내탕, 노천온천(혼탕, 여성전용 타임 있음)

당일 온천 : 대욕장 입관료 520엔, 1일 온천+식사+개별실 휴식 공간
3,500엔(전화 예약 필수)

식사 : 산채요리와 아오모리 특산인 어패류 가리비와 민물고기, 된장국 등이
제공된다.

찾아가기 : 아오모리 공항 – 히로사키행 버스(약 55분), 히로사키
버스 터미널역 쿠로이시(黒石)역행 버스(약 45분), 쿠로이시역에서
누루카와(温川)행 버스(약 35분) – 니지노코코엔마에(虹の湖公園前) 하차 –
송영버스로 약 15분·신아오모리역(동쪽 출구 4번 승차장)

깊은 산속의 겨울 해는 짧기만 하다. 3시가 넘으면 어둑해진다. 1929년 문을 연 아오니(靑荷) 온천 료칸은 오직 호롱불(램프)로 긴 겨울의 어둠을 밝힌다. 옛 방식을 고집하며 근 95년을 이어오고 있는 것이다. 온천 료칸 중에는 전통 방식으로 운영하는 곳도 수백 곳 있지만, 아오니 만큼 철저하고 고집스럽게 옛 것을 지키는 곳은 드물다. 없다는 것이 맞겠다.

요시다 슈이치는 소설 《첫사랑 온천》에서 아오니 온천을 이렇게 그리고 있다. "반들반들 윤이 나는 어두침침한 복도에는 일정한 간격으로 드문드문 램프가 놓여 있었고 그 주변에만 겨우 빛이 새어 나왔다. … 뒷문으로 나가자 마치 그림처럼 아름다운 설산이 우뚝 서 있다. … 노천온천으로 이어지는 좁은 눈길에는 조그만 눈 제단이 만들어져 있었고 거기에 램프가 하나씩 놓여있었다."

오로지 호롱불만으로 객실과 온천 곳곳을 밝히기 때문에 아오니에는 호롱불을 보관하는 창고가 따로 있다. 날이 어둑해지면 창고에서 호롱불을 꺼내 온천 곳곳을 밝힌다. 수많은 호롱불을 보관하는 창고는 명물이 되었다.

호롱불과 함께 아오니 온천을 더욱 유명하게 만든 것은 류신탕이다. 혼욕탕으로 어머니의 품속처럼 아늑하고 푸근한 느낌이다. 마치 꿈속의 그곳처럼 신비로운 분위기의 류신탕에 들어가면 모든 피곤과 근심이 사라지는 것 같다. 아마 천국이 있다면 바로 이런 곳이 아닐까? 세계 여러 온천 중에서도 가장 인상적인 온천은 터키의 파묵칼레 온천과 아오니의 류신탕이라 생각한다.

아오니 온천수는 단순 온천수로, 탕마다 온도가 다르다. 4개의 탕 중 류신탕은 연중 43도를 유지하고, 규모가 큰 건육탕, 내탕, 동견탕은 44~46도를 유지하고 있다. 특별한 성분을 포함하지는 않지만 수질이 깨끗하여 신경마비와 피로회복에 효과가 뛰어나다. 특히 정신적 스트레스가 많은 현대인의 피로를 푸는데 특효가 있다고 한다. 또한 솔향기와 삼나무 향기가 배어 있는 건육탕과 내탕, 동견탕 등 4종류의 탕이 있어 온천만 즐기기에 부족함이 없다. 깊은 산속의 아오니 온천은 온천욕 외에는 즐길 거리가 전혀 없다. 가기도 힘들고 뼛속까지 시리게 만드는 추위도 엄청나다. 이런 고생을 감수하면서도 이곳을 찾는 것은 문명의 흔적을 내려놓고 청정한 대자연 속에서 진정한 쉼과 휴식을 누리기 위해서일 것이다.

아오니 온천을 처음 다녀온 후 일간지에 사진과 원고를 기고하였다. 기사가 나간 당일, 대기업 비서실로부터 아오니 온천에 관한 자세한 정보를 알고 싶다는 전화가 왔다. 며칠 뒤 만나 아오니 온천의 숙박비보다 더 비싼 저녁을 대접받으며 아오니 온천에 관한 이야기를 들려주었다. 비서의 전언에 따르면, 첨단산업국인 일본에 호롱불만으로 불을 밝힌다는 것에 대한 호기심과 신문에 실린 신비한 류신탕 사진 때문에 그룹 총수가 직접 가고 싶어한다는 것이었다. 두 달 뒤에는 고맙다는 인사와 작은 선물을 보내왔다.

여행 작가에게는 물론이고 소설가와 기업가에게도 매력적인 아오니 온천, 누구라도 그 신비로운 매력에 빠지게 될 것이다. 그리고 아주 오래도록 잊혀지지 않을 것이다.

짚신 신고, 달빛 아래 설원 산책

눈 속의 노천 온천도 즐거웠지만, 하얀 설원 위를 걸었던 기억은 잊을 수 없다. 아오니 계곡의 연중 적설량은 5미터가 넘는다. 폭설이 쏟아지는 날엔 하루에 1미터가 넘는 적설량을 기록하기도 한다. 겨울 동안 최소 서너 차례는 폭설이 내린다. 그래서 12월 중순부터 3월 초까지는 항상 1미터가 넘는 눈이 쌓여 있다. 보송보송한 감촉의 눈밭을 걸으면 자꾸 자꾸 걷고 싶은 마음이 든다. 순백의 눈을 마주하고, 청청하다 못해 시리도록 깨끗한 공기를 마시며 깊은 숲을 걸어가 보라. 아마 새로운 세상을 만나는 기분이 들 것이다.

이른 아침 새들의 합창과 얼음 사이로 흐르는 물소리를 들으며 걷다 보면 매서운 추위도 절로 잊게 된다. 설원에 작은 호롱불빛과 달빛이 있는 저녁 산책도 낭만적이다. 은은한 달빛을 길잡이 삼아 계곡의 물소리와 다다미방에서 흘러나오는 나지막한 이야기가 어우러져 오랫동안 낭만적인 추억으로 기억된다.

아오니 온천 료칸은 다다미방 35실에 100명 정도의 인원을 수용할 수 있다. 반경 8킬로미터 인근에 유흥시설은 물론 흔한 편의점이나 민가조차 찾아볼 수 없는 이곳에서는 일행과 함께 온천과 산책을 즐기며 다다미방에서 지내야 하기 때문에 관계를 돈독하게 하는데 최고이다. 아침, 저녁 식사 풍경도 남다르다. 개별 객실까지 식사를 서비스하는 고급 료칸과 달리 식사 시간에 맞춰 식당에 가야 한다. 이로리(일본식 화로)를 중심으로 이름이 적혀 있는 자리에 앉아 식사를 하게 된다. 미리 준비해 온 사케와 청주, 맥주를 마실 수 있지만 고급 료칸처럼 서비스나 안주가 제공되지는 않는다. 그러나 분위기만큼은 고급 료칸 못지않다. 격의없는 편안함과 식당의 친근한 분위기는 사람 사는 냄새를 느껴져 더욱 정겹다.

작은 찻집은 간단한 기념품도 판매하는 사랑방 같은 곳이다. 처음 만난 이들이지만 오랜 친구처럼 속 깊은 이야기를 나누게 되는 것도 아오니 온천의 장점이다. 지배인의 구수한 입담도 빼놓을 수 없다. 안락함과 편리함을 기대한다면 아오니 온천은 불편할지도 모른다. 그러나 산촌 오지의 독특한 풍광과 설경의 노천탕, 그리고 일행과 속 깊은 이야기를 나누며 특별한 낭만을 느끼고 싶다면 아오니를 추천하고 싶다. ◗

(볼거리) 아름다운 도와다 호수와 일본 최고의 계곡인 오이라세 계곡, 아름다운 성
히로사키 등을 둘러볼 수 있다.

아오모리현 서울사무소 : www.beautifuljapan.or.kr (02)771 6191~2

일본관광청 서울사무소 : www.welcometojapan.or.kr (02)777 8601~2

아오니 온천 : https://aomori-tourism.com/kr/theme/onsen/

https://www.aoninet.com/en/index.html

1 식당의 호롱불빛 아래 모인 손님들은 직접 밥과 국을 가져다 먹는다.
2 이로리(일본식 화로)에서 구운 민물고기를 간식으로 내놓는다.
3 아오니 온천 료칸의 객실. 모든 객실에서 눈 덮인 계곡을 바라볼 수 있다.
4 램프를 씻는 모습.

아키타현
뉴토 온천

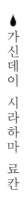

가신데이 시라하마 료칸

츠루노유

드라마 〈아이리스〉의 무대
뉴토 온천

3천 곳에 달하는 온천마을이 있다는 일본에서도 겨울 온천의 정취를
만끽하려면 역시 눈이 많이 내리는 동북지방으로 가야한다. 동북지방에만도
백 곳이 넘는 온천마을이 있는데, 흥미로운 이야기와 풍광, 온천수질 등을 모두
따져볼 때도 아키타(秋田)현 뉴토 온천마을(乳頭温泉郷)만한 곳이 없다. 뉴토
온천은 온천 포스터에 어김없이 등장하는 곳으로, 최근 일본 젊은이들이 가장
선호하는 곳이다. 드라마 〈아이리스〉의 영향도 컸지만, 웅장한 산과 아름다운
호수, 변화무쌍한 계곡이 어우러진 환상적인 풍경을 감상할 수 있는 노천탕이
최고다. 게다가 누구의 방해도 받지 않고 대자연 속에서 맘껏 쉬어갈 수 있으니
도시 생활자에게 이보다 더 좋은 휴식이 어디 있을까?

　　　눈과 나무, 숲, 그리고 온천으로 유명한 동북지방은 순수와 낭만의
이미지로 기억된다. 겨울 풍경에 유별난 애착을 갖고 있는 나는 20여 년 전부터
눈이 많은 동북지방을 20번 넘게 찾았다. 이곳은 계절에 따라 분위기가
뚜렷하게 달라지는데, 봄이면 봄, 여름이면 여름대로 아름다운 대자연을 맘껏
즐길 수 있다. 특히 겨울이 매력적인 이유는 눈 풍경 속에서 노천 온천을 즐길 수
있기 때문이다.

　　　겨울의 아키타는 우리나라에서 볼 수 없는 독특한 장면을 보여준다.
공항의 활주로에 쌓인 눈을 치우기 바쁜 제설차와 비행기의 조종석과 날개를
덮은 눈을 치우는 직원들의 움직임은 마치 재난훈련 영화를 보는 듯하다.
공항을 빠져나와 뉴토 온천으로 가는 동안에도 온통 설경뿐이다. 1시간 40분
남짓 달리다 보면 멀리 다자와 호수(田沢湖)가 눈에 들어오고, 이제 뉴토 온천에
거의 다다른 셈이다.

　　　옛날 사랑하는 남자와 사랑을 이루지 못한 공주의 눈물은 호수가
되었고, 용이 되어 호수에 살면서도 그리워 눈물을 흘리기 때문에 절대
얼지 않는다는 다자와 호수. 그리고 슬픈 사랑의 주인공인 '다츠코히메'
동상이 호수에 서 있다. 다자와 호수는 드라마 〈아이리스〉에서 승희(김태희
분)가 현준(이병헌 분)에게 전설 속 주인공 다츠코 공주에 관하여 이야기를
들려주는 장면 때문에 더욱 유명해졌다. 다츠코 동상 옆의 작은 신사는 사랑과
소원성취를 비는 젊은 남녀가 많이 찾아 온다.

(가는 길) 항공 : 인천 – 아키타 공항 대한항공 (2시간 소요)

교통 : 공항에서 렌터카, 버스, 택시 등을 이용할 수 있다. 뉴토 온천지역과 다자와 호수, 다자와 스키장까지 1시간 30분 ~ 2시간 소요된다. 시간과 비용 면에서 에어포트라이너 택시가 가장 효과적이다. 1인 6700엔에 뉴토 온천지역의 원하는 온천까지 갈 수 있고, 다자와코역까지는 5,300엔이다.

아키타 공항에서 뉴토 온천행 에어포트 라이너 운행 시간

공항 출발 9:25, 11:30, 12:55, 15:30

뉴토 11:35, 13:40, 15:05, 17:30

(숙박) 저렴한 숙박시설부터 고급 료칸까지 20곳 정도의 숙박시설이 있다. 호텔과 달리 료칸의 경우 저녁과 아침을 제공하는 것이 기본이다. 료칸의 요금 체계는 조금 복잡한데, 객실과 식사에 따라 다르고, 같은 객실이어도 제공되는 음식과 인원 수에 따라 달라진다. 공휴일과 평일 요금도 다르기 때문에 반드시 홈페이지나 예약 사이트를 통해 자세한 사항을 체크해야 한다.

다자와호수 관광협회 https://tazawako-kakunodate.com/ko/

(온천) 뉴토 온천지역과 인근에는 일본 내에서도 흔하지 않은 혼욕노천탕을 비롯하여 다양한 온천이 있다. 숙박객은 무료로 이용할 수 있고, 당일 온천객의 경우 입장료 (500~1,100엔) 를 내고 이용할 수 있다. 가족탕의 경우 3,000엔 정도이다.

410년의 역사를 자랑하는 츠루노유 온천은 옛건물을 료칸으로 이용하고 있다.
눈 덮인 츠루노유 노천탕은 겨울 온천의 모든 로망을 충족시켜준다.

가신데이 시라하마 료칸

花心亭しらはま

주소 : 아키타현 센보쿠시 다자와코 다자와하루야마 145
홈페이지 : http://tazawako-kasintei.jp
이메일 : katakuri@hana.or.jp
연락처 : 0187 43 0436
객실 형태 : 화실(다다미방 15실), 전실에 거실이 붙어있음
객실 요금 : 1박 2식(조·석식) 1인 기준 25,000~35,000엔
온천탕 : 남녀 내탕, 남녀 노천탕, 대여탕
체크인, 아웃 : 15:00, 10:00
당일 온천 : 1,000엔, 가족탕 3,000엔
찾아가기 : JR다자와 호수역, 뉴토선 또는 다자와 호수 일주버스(12분 소요)
공원입구에서 내려 도보 1분. JR다자와 호수역에서 예약하면(당일 오전까지)
송영 서비스 가능(14:30, 15:15, 16:10, 17:15의 상하행 신칸센 시간에 맞춤, 무료)

흔히 음식이나 서비스, 시설 등으로 료칸을 평가한다. 하지만 료칸에서 감상하는 풍광이 가장 아름다운 곳을 묻는다면, 나는 주저 없이 다자와 호수 북서쪽에 위치한 가신데이 시라하마(花心亭しらはま) 료칸이라고 답할 것이다. 지금까지 30년 넘게 로마, 님, 바덴바덴, 보헤미아, 파묵칼레 등 300여 곳에 달하는 세계 유명 온천을 둘러보았지만 이곳만큼 멋진 풍광은 보지 못했다.

너도밤나무와 소나무 숲 사이에 소담스레 터잡은 가신데이 시라하마 료칸에서 바라보는 다자와 호수의 모습은 장관이다. 서비스 또한 극진해서 손님의 도착시간에 맞춰 영접하는 것은 기본이고, 체형에 맞게 선택할 수 있는 여러 벌의 유카타, 휴식공간과 잠자리가 독립된 객실, 산지의 신선한 유기농 채소와 동해의 신선한 해산물로 만든 식사까지 자랑거리가 많다. 무엇보다 내 집처럼 편안하게 쉴 수 있도록 세심하게 배려해 놓아 특별한 경우가 아니면 직원을 찾을 필요조차 느끼지 못하는 곳으로, 일본 내에서도 유명하다.

다만, 아키다현을 대표하는 고급 료칸인만큼 상당한 숙박비가 든다. 그럼에도 언제나 많은 이들이 찾는 것은 전통 료칸의 기본인 극진한 서비스와 편안하고 여유로운 휴식 공간, 그리고 맛깔스러운 음식, 거기에 아름다운 풍광을 감상할 수 있어서 일 것이다.

가신데이 시라하마에는 대욕탕과 4개의 노천탕이 있다. 온천 수질은 순수한 단순 온천수로, 대욕탕이 가장 멋진 전망을 자랑한다. 그리고 가족이나 친구끼리 온천욕을 즐길 수 있는 가족탕 인기도 높은데, 차를 마시며 이야기 나눌 수 있는 휴식공간까지 있어 더욱 그렇다.

온천 료칸에서는 최고의 요리사가 산지의 재료로 맛깔스러운 요리를 제공한다. 가신데이 시라하마도 재료 선택부터 요리를 만드는 과정과 완성된 요리가 손님의 식탁에 오르기까지 어느 것 하나도 소홀함이 없어 보였다. 손님상에 오르는 음식이 준비되면 여주인인 오카미(女将)가 손님방을 찾아 맛있게 드시라는 인사도 빼놓지 않는다.

가신데이 시라하마는 전 객실에서 24시간 다자와 호수와 주변 풍광을 볼 수 있다. 새벽 여명부터 달빛이 비치는 환상적인 밤풍경까지, 일종의 풀뷰인 셈이다. 어느 때이고 아키타현 대자연의 풍광은 멋지지만 최고의 감동은 역시 따뜻한 온천에 몸을 담그고 바라보는 다자와 호수의 설경이다. 특히 해가 막 떠오르는 일출과 보름달빛에 비친 호수 풍경은 어떤 미사어구를 동원해도 다 표현할 수 없을 정도로 환상적이다.

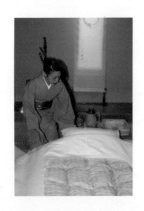

오카미와 직원들이 현관까지 나와서 극진히 배웅한다.

아늑한 분위기의 가신데이 시라하마 료칸의 온천탕.

츠루노유 료칸

鶴の湯

주소 : 아키타현 센보쿠시 다자와코 다자와 字先達 국유림 50

홈페이지 : http://www.tsurunoyu.com(한글지원)

연락처 : 0187 46 2139

객실 형태 : 화실(다다미방, 1호~3호관, 본관1~5호실, 신본관, 동본관) 11실

객실 요금 : 1박 2식(조·석식) 1인 기준 1호관 16,980엔, 2호관 10,600엔, 본관
14,450엔, 신본관·동본관 16,650~23,250엔. 겨울철 난방비 1,320엔 추가

온천탕 : 대형 혼욕 노천탕, 여성 노천탕, 내탕(수질이 다른 탕 8곳)

체크인, 아웃 : 15:00, 10:00

당일 온천 : 성인 700엔, 어린이 300엔 이용시간 10:00~15:00

찻집 운영 : 08:00~1500, 커피, 차, 카레, 단팥죽

찾아가기 : JR 다자와코역에서 1시간 1대 운영하는 뉴토 온천행 버스(40분)를
타고 아루파(アルパ) 버스 정류장 하차. 이곳에서 송영 서비스 (미리 전화)

기타 정보 : 아키타현(www.akitafan.com)과 아키타현 서울 사무소(02 771 6191)

가신데이 시라하마에서 차로 20분쯤 가면 크고 작은 온천 20여 곳이 모여 있는 뉴토 온천 마을에 닿는다. 다자와 호수 고원 깊숙이 뉴토산 속에서 솟아나는 7곳의 온천으로 이루어진 마을로, 츠루노유(鶴の湯), 다에노유(妙の湯), 규카무라(休暇村), 가니바(蟹場), 오가마(大釜), 마고로쿠(孫六), 구로유(黑湯)가 있다. 계곡과 신작로를 따라 400년 역사를 자랑하는 온천부터 폐교를 활용한 온천까지 다양한 외관의 온천들은 숙박시설도 겸하고 있다. 큰 온천마을의 대형 숙소와 달리 소박하면서도 하나같이 개성 있고 고유한 매력을 지니고 있어, 여유롭게 둘러볼 것을 추천한다. 폐까지 깨끗해질 것만 같은 숲속 공기를 마시며 겨울 온천을 하는 즐거움은 느껴보지 않고는 결코 알 수 없기 때문이다. 어느 곳이 최고라고 말하기 어렵지만, 여러 차례 뉴토 온천을 찾은 경험으로는 400년 전통의 츠루노유(鶴の湯)와 신비로운 가니바 온천(蟹場溫泉)이 좋았다.

일본에서는 온천협회를 중심으로 주요 신문과 텔레비전, 대형 여행사와 여행 사이트에서 매년 최고 온천을 선별한다. 최고 온천 베스트 10, 베스트 100을 선별하는 기관이 십여 곳이 넘고 개인의 취향에 따라 선호도가 다른 만큼 순위가 절대적인 의미는 아니지만, 늘 상위에 오르는 곳이 츠루노유 온천이다. 특히 젊은층에게 인기가 높다.

사방이 울창한 나무와 계곡으로 둘러싸인 가운데 산촌의 목조 건물을 중심으로 한 츠루노유 온천은 연한 푸른빛이 도는 불투명 온천수이다. 드라마 〈아이리스〉 촬영지여서 우리에게 더욱 유명하다. 드라마 유명세가 아니어도 츠루노유 온천은 자랑거리가 많다. 온천 성분이 다른 4개의 원천이 솟아나, 선남선녀가 온천욕을 즐길 수 있는 혼욕탕, 남녀 각각 입욕하는 아담한 선남과 선녀탕 등에서 온천을 즐길 수 있고, 눈 쌓인 계곡을 따라 늘어선 오랜 전통가옥과 산책로를 따라 걷는 즐거움도 크다. 주관적인 평가이지만, 지금까지 다녀본 일본의 여러 온천 중 분위기만큼은 최고라고 단언할 수 있다.

일본 온천을 알리는 홍보 포스터와 엽서, 전화카드에도 빠지지 않는 츠루노유 온천은 혼욕탕으로도 유명하다. 깊은 숲 속 한가운데 연푸른색과 연두색을 띤 불투명 온천수에서 수증기가 피어오르는 풍경은 가히 환상적이다. 불투명 물빛 때문에 혼욕이 부담스러운 젊은이들에게도 인기다. 혼욕탕 건너편에는 세월의 무게를 느끼게 하는 고색창연한 건물이 늘어서 있다. 전통적인 산촌주택으로, 400년 동안 온천객들의 객실로 이용되고 있다. 드라마에서는 현준(이병헌)을 저격하려다 실패한 북한 공작원 선화(김소연)가 현준에게 감금당했던 곳으로 나온다. 드라마의 인기 덕분인지 한일 양국의 젊은이들과 중년의 여행객들이 많이 찾아온다.

숲 속 파라다이스 가니바 노천탕

츠루노유 온천에서 사람 키보다 더 높게 쌓인 눈길을 20분쯤 걸어 가면 눈 속에 몸을 숨기고 있는 가니바 온천에 이른다. 츠루노유 온천에 비해 역사도 짧고 규모도 작지만, 60년 정도된 가니바 온천의 빼어난 풍광은 많은 마니아층을 거느리고 있다. 가니바 온천이 청년, 중년, 노년층까지 넓은 연령층으로부터 사랑받는 이유는 눈 속에 숨어있는 듯한 아름다운 노천탕과 정성 가득한 산촌 음식 때문이다.

온천 본관에서 꽤 떨어진 노천탕은 가니바의 최고 자랑거리이다. 눈에 들어오는 것은 온통 하얀 눈과 울창한 나무 사이로 보이는 하늘뿐인 가니바 노천탕은 청정 자연에 온천수도 맑고 깨끗해 더욱 신비로운 느낌이다. 혼욕탕이어서 프라이버시가 신경 쓰이는 것만 빼면, 눈과 나무, 그리고 하늘 뿐인 대자연에서 따뜻한 노천탕에 몸을 담그고 있노라면 이곳이 파라다이스가 아닐까 하는 생각이 절로 든다.

뉴토 온천 숙박객은 '유메구리 수첩(湯めぐり帳)'(1,800엔)을 구입하면 7곳의 온천을 이용할 수 있고, 겨울철에 온천을 순회하는 유메구리호 버스도 자유롭게 이용할 수 있다. 시간표는 바뀔 수 있기 때문에 미리 확인해야 한다.

나베 요리를 맛보다

가니바 온천을 비롯하여 뉴토 온천마을의 료칸에서는 저마다 맛깔스러운 음식이 나온다. 가신데이 시라하마 같은 고급 온천료칸에서는 전통 풀코스 요리인 가이세키가 나오고, 뉴토 온천마을의 숙박시설에서는 아키타산 쌀로 만든 기린탄포 나베와 산촌의 청정 야채로 만든 준사이 나베, 동해에서 갓 잡은 생선으로 만든 이시야키 나베 등 향토요리가 나온다. 나베(なべ) 요리는 아키타현의 대표적인 음식으로, 냄비 요리를 말한다. 기린탄포(きりたんぽ)는 햅쌀 가루를 반죽해 만드는 것으로, 가운데 구멍이 뚫린 어묵과도 닮았다. 쌀로 만들어 담백한 맛이 특징인데, 쌀의 산지

여서 쌀이 풍부하고, 겨울이 긴 탓에 다른 먹을거리를 구하기 어려웠기 때문에 발달한 음식이다.

이시야키탄포(石燒んぽ)도 뉴토를 대표하는 음식이다. 동해와 오가반도 지역에서 잡은 신선한 생선을 삼나무 그릇에 넣고 육수와 두부와 생선, 된장을 추가해 직화가 아니라 2~3시간 달군 돌을 이용해 미지근하게 끓이는 슬로우 푸드이다. 처음에는 화산석을 사용했지만 지금은 단단한 차돌을 이용한다. 이 조리법도 뉴토 온천을 비롯한 아키다 산촌의 추운 겨울동안 집안에 온기를 유지하기 위하여 화로에 돌을 달궈 난방으로 사용하던 것을 조리에 활용한 것이 시작이다. 최근에는 청정한 자연에서 자란 효소와 순채를 이용한 요리가 도쿄, 오사카, 후쿠오카 지방에서도 좋은 반응을 얻고 있다고 한다.

뉴토 온천에는 다른 온천 성분을 지닌 7개의 온천이 있는데, 숙박객은 물론이고, 당일 온천도 가능해서 여러 온천을 돌며 온천욕을 즐길 수 있다. 겨울이면 인근의 다자와 스키장에서 스키를 타거나, 숲이 잘 보존된 동북지방의 독특한 산촌마을 문화를 체험하는 것도 흥미롭다. 일본은 어느 지역을 여행하더라도 다양한 온천 마을을 만날 수 있다. 그렇지만 무거운 짐을 내려놓듯, 모든 걱정을 벗어놓고 진정한 휴식을 만끽할 수 있는 곳은 흔치 않다. 그런 점에서 뉴토 온천은 아키타의 깊은 산중에서 맑은 공기와 대자연, 그리고 소박한 사람들의 푸근한 정까지 느낄 수 있어 쉼의 참맛을 느낄 수 있는 곳이었다. ♦

일본 온천 가운데 겨울 풍경이 가장 아름다운 가니바 노천탕.

츠루노유 온천의 여성 전용 노천탕. 흰눈과 온천수 물빛의 조화가 아름답다.

(먹을거리) 뉴토 온천지역은 산간 내륙이지만 동해가 인접해 다양한 음식을 즐길 수 있다. 아키타 특선 요리인 달군 돌을 이용한 이시야키 요리를 비롯하여 쌀을 이용하여 만든 기린탄포, 토종닭 요리 하나이, 산채음식이 유명하다.

1, 8 다자와 호수의 전설 속 다츠코 공주의 동상.
2 료칸에서 내오는 일본 차와 과자.
3 츠루노유 온천마을 입구.
4 고급 료칸에서는 손님을 위해 전통악기인 샤미센을 연주하기도 한다.
5, 6 아키타현의 대표 요리인 기린탄포 나베 요리의 재료와 이시야키 나베를 요리하는 모습.
7 고급 요리에 들어가는 아키타 순채.

（볼거리） 봄, 가을에는 세계자연유산지역인 시라카미산지의 너도밤나무 숲이 아름답다.
여름에는 다자와 호수의 보트놀이, 겨울에는 눈축제 등을 즐길 수 있다.
에도시대 무사들의 집이 잘 보존되어 있어 '도호쿠의 작은 교토'라 불리는
무사마을 가쿠노다테도 매력적이다.

（레저） 눈이 많아 12월 중순~3월 말까지 다자와 스키장을 이용할 수 있다.
http://www.tazawako-ski.com/hangl/html/main.php

아오모리현
스카유 온천

야치 온천

스카유 온천 료칸

일본 국민온천 1호
스카유 온천

도쿄역에서 본 스카유 온천(酸ヶ湯泉) 포스터는 강렬한 기억으로 남아있다.
오래 전 일이지만, 수많은 남녀가 함께 온천욕장에서 손을 흔들고 있는 장면은
놀라움과 충격이었다. 1,000인탕이라. 놀라움과 궁금증을 이기지 못하고
스카유 온천에 관한 자료를 찾아 아오모리행 비행기를 탔다. 1월 말, 아오모리
공항은 넓은 활주로 위의 바퀴자국도 몇 초 지나 사라질 정도로 온통 눈
세상이었다. 아오모리에 사는 스즈끼 상이 반갑게 맞아 주었다. 그런데 엄청난
적설량으로 오늘은 스카유 온천까지 갈 수가 없다는 것이다. 다음날 제설작업을
확인하고 스즈키 상의 4륜구동차 스바루에 올랐다.

스카유 온천은 영화나 소설에 등장하여 유명세를 타기도 하였지만,
진짜 매력은 온천수에 있다. 유황 냄새가 코끝을 자극하고 연한 연두색과
회색을 띤 신비로운 온천수는 피부병, 만성적인 위장질환, 화상치료에 탁월한
효과를 발휘하는 것으로 알려져 있다. 각종 피부질환에 강한 살균력을
지녔고, 다량의 유황과 강한 산성이 포함된 보기 드문 온천수이다. 눈에 닿으면
눈을 제대로 뜨기 어려울 정도로 강한 산성이라 피부가 약한 사람은 온천 후
수돗물로 꼭 헹궈야 한다.

(가는 길)　항공 : 인천 − 아오모리. 대한항공 주3회 운행(2시간 20분 소요)
버스 : 아오모리 공항 아오모리역 경유 스카유 온천. 소요시간 1시간 30분.
택시 : 아오모리 공항에서 1시간 10분 소요. 요금 11,000엔 정도.

(숙박)　스카유 온천은 장기 체류용 객실과 단기용 객실로 구분되어 있다. 120년 전에
건축된 건물이라 조금 춥지만 눈의 고장을 만끽하려면 겨울에 찾는 것이 좋다.

(온천)　도와다쥬카이(十和田樹海)라고 불리는 너도밤나무 숲 속에 자리한
츠타(蔦) 온천 료칸이 있다. 다이쇼(大正) 시대에 지어진 본관과
히사야스노유(久安の湯)가 유명하다. 사루쿠라(猿倉) 온천은
미나미핫코다(南八甲田) 연봉으로 가는 등산로 입구에 있는데, 원숭이가
온천하는 모습을 발견한 것이 기원이라고 한다. 사루쿠라 온천의
모토유사루쿠라(元湯猿倉) 료칸은 11월 1일부터 4월 하순까지는 쉰다.

酸ヶ湯泉

스카유 온천 료칸

주소 : 아오모리현 아오모리시 아와카라 미나미 아와카라국유림 스카유자와 50

홈페이지 : http://www.sukayu.jp

연락처 : 017 738 6400

객실 형태 : 화실(1~7호관, 6~10다다미실)

객실 요금 : 1박 2식(조·석식) 1인 기준 13,000~27,000엔(각 호별, 층별 요금은 다름)

온천탕 : 혼욕 대욕장, 남녀별 소욕장, 후카시유, 고다카라노유

체크인, 아웃 : 15:00, 10:00

당일온천 : 성인 10,000엔, 어린이 500엔, 7시~18시 (8시~15시 사이에 휴게실 이용 포함 1,000엔)

부대 시설 : 요양상담실, 장기휴양 숙소 있음

찾아가기 : JR아오모리역에서 JR버스 미즈우미호(75분, 요금 1,570엔) 스카유 온천 앞에서 하차. 버스 시간표 8:00~9:15, 10:50~12:30, 12:30~14:10 아오모리역에서 무료 송영버스 운영(예약제. 시간 등 홈페이지 확인 필요)

핫코다산(八甲田山) 해발 900미터에 위치한 스카유는 300년 넘은 유서 깊은 온천으로, 일본 최초로 국민온천으로 지정되었다. 1954년 국민보양 온천제도를 도입하여 온천의 효능이 뛰어나고 경관과 환경이 좋은 곳을 국민온천지로 선정하고 있는데, 스카유는 1954년에 1호로 지정되었다. 천 명의 남녀가 온천을 즐길 수 있다는 센닌부로 대욕장은 일본에서 가장 유명한 혼욕탕으로, 연푸른빛이 도는 유황 온천수라 치료 효과도 높다.

스카유 온천 료칸의 외관은 어린 시절 보던 적산가옥과 비슷했다. 노송나무로 지어진 목조건물은 오랜 세월의 흔적이 어우러진 고풍스러운 분위기이다. 료칸 주인은 300년이라는 오랜 역사와 최초 국민온천이라는 상징성도 있지만, 치료 효과가 있는 탕치(湯治) 온천이라 더욱 사랑받는 것이라 강조한다.

오래 전부터 피부병, 위장병, 화상환자, 류머티즘으로 고생하던 환자는 물론 불치병 환자까지 이곳에서 장기 온천을 하면서 병을 완치한 탕치 온천으로 공인받았다. 병을 고치기 위하여 장기간 머무는 이들을 위한 장기 요양 숙박시설과 간호사도 있어 입욕과 식사 등에 관한 상담을 할 수 있다. 또한 직접 음식을 만들어 먹을 수 있는 주방시설도 갖춰져 있다. 오랜 세월 동안 구축해온 일본 탕치 온천의 시스템을 살펴보기에도 스카유는 최적인 셈이다. 게다가 요금도 저렴해 더욱 인기이다.

천 명의 남녀가 온천을 즐기는 센닌부로

숲 속의 스카유 온천 료칸 주변을 둘러보고 센닌부로(千人風呂)에 들어섰을 때 본 장면은 잊을 수가 없다. 탈의실은 남녀 따로 되어 있지만 내부는 탕치 온천의 전통을 지켜서 혼욕으로 운영되고 있어 약간 긴장되기도 했다. 스즈키 상과 함께 일명 천인탕이라고 불리는 탕에 들어섰을 때 코끝에 훅 스치는 진한 유황냄새는 어지럼증이 날 정도였고, 수증기로 가득한 가운데 유리창 너머로 햇살이 퍼져 마치 꿈을 꾸는 듯 몽환적인 분위기였다. 조금씩 실내 풍경이 눈에 들어오고 탕 속에 20여 명의 남녀가 온천욕을 즐기는 모습이 보이자 더욱 놀랐다. 거의 충격이었다. 천 명이 동시에 입욕할 수 있을 정도로 큰 온천탕에서 남녀가 함께 온천을 하고 있는 모습을 상상해보라. 사실 센닌부로에 들어가기 전까지는 상상조차 되지 않았다.

노송나무로 만들어진 거대한 규모의 센닌부로는 온도를 달리하는 세 개의 대형 열탕과 작은 규모의 냉탕이 2개, 모두 5개의 탕으로 구성되어 있다. 일본은 다다미(180×190cm) 장수로 크기를 나타내는 경우가 많은데, 센닌부로는 160장 크기이다. 료칸도 객실 크기를 다다미 6장, 8장, 10장으로 표기한다. 센닌부로가 면적이 284㎡로 천 명이 들어갈 수 있는지 알 수는 없지만, 실제 봤을 때에도 100~150명이 함께 온천욕을 즐기는데 불편함이 없어 보였고, 옆에 있던 독립된 두 개의 탕도 각각 30~40명이 들어갈만한 규모였다. 료칸의 주인에게 물어보니, 온천 포스터 촬영 당시 실제 천 명이 동시에 탕에 들어가 촬영을 했다고 하니 과장은 아닌듯

했다.

혼욕탕을 사진에 담고 싶어 입담 좋은 스즈키 상을 통해 촬영 협조를 부탁하니 의외로 남자들이 거절하였다. 아오모리 이야기를 건네며 몇 번 더 부탁하자 여성들이 촬영을 허락하였다. 한국에서 왔다고 하자 배용준, 이병헌을 좋아한다며 촬영 중에도 내내 한류 스타 이야기 꽃을 피웠다. 일본 여성들은 상냥한 말씨와 조심스러운 행동으로 미루어 매우 소극적일 것으로 생각했는데, 촬영하면서 보니 오히려 남성들이 소심하고 소극적이었다. 어느 나라여도 인물 사진을 촬영하는 것은 쉽지 않다. 더욱이 온천탕에서 얼굴이 또렷하게 드러나는 사진은 더욱 그렇다. 스즈키 상이 아니었다면 온천욕 장면을 촬영하는 것은 불가능했을지도 모른다.

스카유에는 불임치료에 좋다는 '고다카라노유' 온천탕과 젊어진다는 '후카시유' 온천탕도 유명하다. 스카유 온천이 위치한 핫코다 산은 겨울이면 나무에 눈이 얼어붙은 수빙이 장관이고, 스키장도 훌륭하다. 일본 최고 계곡인 오이라세 계류와 청정한 도와다 호수가 가까워 사계절 어느 때라도 아름다운 풍경을 만끽할 수 있다.

온통 눈으로 덮인 국민온천 1호 스카유 온천 료칸의 전경.

谷地温泉

야치 온천

주소 : 아오모리현 도와다시 오아자호우료우 야치 1
홈페이지 : http://www.yachionsen.com
연락처 : 0176 74 1181
객실 형태 : 화실 38실
객실 요금 : 1박 2식(조·석식) 1인 기준 18,000~26,000엔
체크인, 아웃 : 15:00, 10:00
당일 온천 : 성인 800엔, 어린이 450엔(10:00~18:00)
찾아가기 : JR 아오모리역에서 JR버스 도와다코(十和田湖) 행(1시간 30분)
야치 온천(谷地温泉) 하차 도보 5분, 겨울에는 야케야마(燒山)에서 미리 송영 신청

스카유 온천이 위치한 핫코다산 기슭에는 야치(谷地) 온천이 있다. 하얀 눈 옷을 걸친 나목(裸木) 아래 자리한 야치 온천은 400년 역사를 자랑한다. 홋카이도 니세코야쿠시(ニセコ薬師) 온천, 도쿠시마현의 이야(祖谷) 온천과 함께 일본 3대 비탕(秘湯)으로 유명하다. 8백 미터 고원의 고산식물이 자생하는 습지 초원에 위치해 있어 신비한 느낌이다. 스카유 온천의 유명세에 밀린 감이 있지만 핫코다 산자락에 있는 여러 온천의 원조인 셈이다. 규모는 스카유 온천의 1/3~1/4 수준이지만 산간 온천의 원형을 잘 유지하고 있다.

일반적으로 여탕에 비해 남탕의 수온이 높은 것과 달리 여탕과 혼탕으로 이루어진 야치 온천은 여탕이 42도로 혼탕보다 4도나 높다. 뿐만 아니라 여성 전용은 온천수가 탁하고 혼탕의 온천수는 투명할 정도로 맑다. 더 놀라운 것은 혼탕의 크기가 남녀가 마주 보고 다리를 펴면 닿을 정도로 작았다.

지긋한 노년층이 다수인데 대부분 수건도 걸치지 않고 옛날 방식으로 온천욕을 즐기고 있었다. 어렵게 사진촬영을 허락 받아 혼탕에 들어가니 중년부부를 제외한 남녀 네 사람이 실오라기 하나 걸치지 않은 상태였다. 수건으로 몸의 일부를 가릴 것을 부탁했지만, 끝까지 알몸으로 있어 사진을 찍는 동안 내가 더 당황스러웠다.

아담한 야치 온천은 제공하는 음식도 소박하다. 여느 온천처럼 고급 생선 대신 산촌에서 나는 산채와 계곡에서 잡은 민물고기 정도가 전부다. 작은 혼탕과 맑은 온천수가 흐르는 야치 온천은 아주 독특한 경험이었다. ♦

1 야치 온천에서 간식과 안주로 내오는 민물고기 구이.
2 스카유 온천 료칸의 저녁 식사.
3 겨울이면 고니가 몰려오는 아름다운 도와다 호수.
4 아오모리 특산물인 가리비.
5 스카유 온천 인근에는 일본 최고의 계곡인 오이라세 계류가 있다.
6 산촌 사람들이 겨울에 즐겨먹는 저장용 감자 구이.

（볼거리）　스카유 온천 주변에는 명소가 즐비하다. 일본 최고 계곡인 14킬로미터에 달하는 오이라세 계류를 비롯하여 아름답고 청정한 도와다 호수, 수빙으로 유명한 핫코다 산과 스키장 등이 있다. 핫코다 스키장은 이와테 아피 스키장과 더불어 동북지방을 대표하는 스키장으로 12월부터 5월까지 스키를 즐길 수 있다. 거대한 수빙 사이를 질주하고 싶다면 2~3월에 찾는 것이 제격이다.

아오모리현 서울사무소 : www.beautifuljapan.or.kr 02 771 6191~2

일본관광청 서울사무소 : www.welcometojapan.or.kr 02 777 8601~2

최 _最 _樂
고 _古
명 _名
천 _泉
온
천

溫　泉　旅　行　樂

천년의 역사를 자랑하는 일본 최고最古의 온천

에히메현
도고 온천

사
치
야

료
칸

<u>〈도련님〉으로 친근한 온천의 본향</u>
도고 온천

시코쿠(四國) 지방 에히메현(愛媛県)의 중심인 마쓰야마 시에는 온천왕국을
상징하는 도고 온천이 있다. 가장 오랜 역사를 자랑하는 전통면에서나 근대
유명 문학가와의 인연과 일본인이 사랑하는 애니메이션의 배경이 되는 등
인기면에서나 일본의 전형적인 온천 문화를 경험할 수 있다는 문화적 측면에서
어느 하나 부족함이 없는, 일본 최고의 온천이다.

와카야마현 시라하마(白浜) 온천, 효고현 아리마(有馬) 온천과 더불어
일본 3대 온천으로 꼽히는 도고 온천은 목조 지붕 장식이 화려하면서도 기품이
느껴지는 건물로 유명하다. 건물 한 동으로 이루어진 도고 온천 본관은 올해로
개장 131년을 맞는데, 외관은 족히 수백 년의 연륜을 쌓은 듯 보인다. 전형적인
온천 건물 양식으로, 일본 중요문화재에 등재되어 있다.

이곳 도고 온천은 여타 온천과 다른 문화를 체험할 수 있으며 요금
체계도 독특하다. 도고온천은 오랜 역사를 자랑하는 본관과 2017년 개장한
도고온천 별관 아스카노유와 2019년 새롭게 단장한 츠바키노유로 이루어져
있다. 도고 온천 본관과 별관 아스카노유는 온천욕과 휴식을 즐길 수 있으며
요금체계도 유사하며 츠바키노유는 온천만 할 수 있다.

도고 원천수는 42~51도이나 온천탕에 공급되는 수온은 40~42도
정도이고, 냄새도 색도 없는 단순 온천수로 피로회복과 신경통, 관절염에 효능이
뛰어나다. 노천탕 없이 내탕으로 이루어져 있고 비슷한 분위기이다.

츠루노유나 오사와, 고쇼노유 등은 대자연 속에서 온천을 즐기는
즐거움이 있다면, 도고 온천은 도심의 대욕장에서 온천을 하고 2층의 드넓은
누마루에서 여럿이 어울려 양과자와 차를 즐기는 즐거움이 있다.
도고 온천 자료실에는 소설가 나츠메 소세키(夏目漱石)와 하이쿠 시인
마사오카 시키(正岡子規) 등 도고 온천과 인연이 깊은 문학가의 사진과 자료가
전시되어 있다.

(가는 길)	항공 : 인천 – 마쓰야마 공항(1시간 40분 소요)
	버스 : 마쓰야마 공항 – 마쓰야마 시내와 도고 온천(40~45분). 요금 1,000엔.
	한국인 여행자 전용 무료 셔틀 버스 운행(공항 인포메이션 센터에서 티켓)
	택시 : 30분 소요, 3,500엔
	마쓰야마 정보 http://www.city.matsuyama.ehime.jp

(숙박)	료칸, 민박, 비즈니스 호텔 등 다양한 숙박시설이 있다. 처음 여행하거나 고급
	료칸에 머물 예정이라면 사전 예약이 좋지만, 두세 번째라면 직접 료칸을
	둘러보거나 료칸조합을 통해 예약하는 것도 좋다. 료칸은 1박 2식 1인 기준
	15,000~35,000엔 정도이며 고급 료칸의 경우 25,000~50,000엔 정도이다.
	*도고 온천조합 www.dogo.jp
	도고 여행 정보 https://ko.matsuyama-sightseeing.com

(온천)	마쓰야마에는 도고 온천을 비롯하여 수십 개의 탕을 갖춘 숙박시설부터 아담한
	내탕을 갖춘 작은 료칸까지 다양하다. 도고 온천 본관은 요금 체계가 다양하며
	당일 온천이 가능한 료칸도 있지만 많지는 않다. 한국여권 소지자는 공항
	인포메이션 센터에서 도고온천 본관 무료입욕 쿠폰 제공
	*도고 온천 본관 요금과 이용시간 *
	카미노유 1층 온천 6:00~23:00 성인 700엔, 어린이 350엔, 60분
	* 도고온천 별관 아스카유 이용 시간과 요금
	카미노유 1층 온천 06:00~23:00 성인 610엔, 어린이 300엔, 60분
	* 도고온천 츠바키노유
	도고 온천 별관 중 하나로 주민들이 주로 이용하는 곳. 휴게시설은 없고
	온천욕만 가능. 영업시간 06:30~23:00 성인 450엔, 어린이 150엔.

사
치
야   료
칸   さち家

주소 : 에히메현 마쓰야마시 도고유노마치 13 – 3
홈페이지 : http://www.dogo-sachiya.com
연락처 : 089 921 3807
객실 형태 : 화실 7실
객실 요금 : 1박 2식(조·석식) 1인 기준 13,650~21,000엔
온천탕 : 남녀 내탕
체크인, 아웃 : 15:00, 10:00
당일 온천 : 500~1000엔, 가족탕 3,000엔
찾아가기 : 도고온천역에서 도보 1분

도고 온천과 나츠메 소세키, 오에 겐자부로

마쓰야마가 문학의 본향으로 불리는 것은 나츠메 소세키(夏目漱石)와의 인연이 깊기 때문이다. 일본 내에서 가장 유명한 소설가인 그의 작품은 지금도 널리 읽히고 있고, 우리나라에도 대부분이 번역되어 있다. 나츠메 소세키는 도쿄대학을 졸업하고 마쓰야마 중학교(훗날 히가시 고등학교가 됨)에서 영어교사로 1년 동안 근무하였는데, 그때의 생활을 배경으로 소설《봇짱》을 발표하였다. 우리에게는《도련님》으로 번역된 이 소설에서 주인공인 수학선생 봇짱이 자주 찾던 곳이 도고 온천이다. 마쓰야마는《봇짱》의 도시이다. 지금도 도심을 달리는 증기기관차인 봇짱 열차, 주인공인 마돈나와 봇짱을 캐릭터화한 기념품과 관광안내인 등 스토리텔링의 좋은 예를 발견할 수 있다.

나츠메의 친구인 하이쿠 거장 마사오카 시키(正岡子規)는 마쓰야마가 고향으로, 나츠메와 함께 도고 온천을 자주 찾아 문학을 논하였다. 시내 곳곳에서 마사오카의 시비를 볼 수 있다.

마쓰야마 동남쪽 우치코마치(内子町) 출신인 소설가 오에 겐자부로(大江建三郎)는 마쓰야마 히가시고등학교(東高等學校)에 다니며 작가의 꿈을 키웠다. 그의 자료가 학교 자료실에 전시되어 있다. 1994년 소설〈만연원년의 풋볼〉로 일본에서 두 번째 노벨문학상을 수상하였고, 문학적 성과와 인류평화에 기여한 공로를 인정받아 각국 정부와 단체로부터 평화상과 훈장을 받았다. 그는 일본의 대표적인 평화주의 지식인으로 불린다.

도고 온천 주변에는 천 명이 묵을 수 있는 대형 숙박시설부터 20명이 묵을 수 있는 작은 료칸까지 다양하다. 1인 기준 6천 엔에서 5만 엔이 넘는 고급 료칸도 있는데, 여러 온천탕을 갖춘 오쿠도고(奧道後)에서 보낸 시간도 독특했지만 아무래도 전통 료칸의 섬세한 서비스를 기대하기란 무리였다.

나는 료칸 안주인인 오카미의 섬세한 서비스와 가족 같은 친근감을 느낄 수 있는 작은 료칸을 더 좋아해 도고 온천에 올 때면 사치야(さち家) 료칸처럼 객실이 5~15개 내외인 아담한 숙소를 찾게 된다. 객실이 30~50개 정도 되는 중대형 료칸은 편의시설이 다양하고 음식을 선택할 수 있는 폭이 넓어 좋은 점도 있지만, 모든 긴장을 풀고 아늑한 분위기에서 쉬고 싶다면 아무래도 작은 료칸이 제격이다. 객실 7개가 전부인 사치야 료칸은 소박하지만 정겨움이 넘치는 곳이다. 10여 명 정도 들어갈 수 있는 내탕과 3~5명이 이용할 수 있는 노천탕이 있고, 숙박비에 따라 음식은 다르지만 어떤 코스를 선택해도 깔끔하고 맛깔스럽게 나오기 때문에 크게 고민할 필요도 없다.

작은 료칸은 어느 곳에서도 가정적인 분위기를 느낄 수 있지만 사치야 료칸은 특히 세심하면서도 손님이 부담을 느끼지 않도록 자연스런 서비스를 제공한다. 접근성도 편리하다. 도고 온천과 상점가까지 걸어 2분이면 갈 수 있고, 마쓰야마의 주요 명소와 식당가와도 가까워 늦은 시간까지 구경하기에도 더없이 좋다. ●

1, 2 사치야 료칸의 객실과 식사는 깔끔하면서도 세심함이 담겨있다.
3. 도고 온천 2층 관람 공간
4. 도고 온천 입구

（료칸）　　타니야 www.taniya.jp

우메노야 www.dogo-umenoya.jp

타니야 www.taniya.jp

유메구라 www.yume-kura.jp

도키와소 www.dougotokiwasou.com

야스라기소 www.dogo-yasuragisou.com

오보로츠키요 www.oborozukiyo.jp

군마현
쿠사츠 온천

나라야 료칸

에키나리야 료칸

꼭 한번은 가볼 만한, 일본 온천의 상징
쿠사츠 온천

시부 온천 마을에서 쿠사츠행 버스가 운행되는데, 산길로 이어지는 길이
아름답다. 구불구불 비탈길은 비와 안개로 스위스 엥가딘 풍경을 연상케
한다. 안개 속에 반쯤 보이는 숙박시설도 전통 료칸이 즐비한 시부 마을과 달리
영락없는 스위스 알프스풍이었다. 안개 속을 1시간 15분 동안 달려온 버스가
시라네 산(白根山) 주차장에서 손님을 태우고 다시 쿠사츠로 향한다. 가파른
경사면과 급격한 각도로 이어지는 것이 예사롭지 않다. 빗길을 30여 분쯤 달리자
안개 속에 숨은 쿠사츠가 보인다.

거대한 온천 밭, 유바다케

버스터미널 3층에 위치한 온천자료실에는 쿠사츠 마을 조성단계부터
그 동안의 변천과정과 온천의 용출량, 성분에 관한 자료, 이곳과 인연이
있는 시인 히라이 반송(平井晩村)과 여러 예술가의 자료를 전시해 놓았다.
온천자료실을 둘러본 후 료칸에 짐을 두고 가장 먼저 온천밭으로 유명한
유바다케로 향했다. 게로 온천, 아리마 온천과 더불어 일본 3대 명천으로
알려진 쿠사츠 온천의 유바다케는 일본 온천의 대표 이미지이기도 하다. 김이
피어오르며 원천수가 솟는 '유바다케(湯畑)'는 온천밭을 뜻하는데, 근처에서도
진한 유황냄새가 훅 끼치는 초강산성이다. 둘레가 4백 미터에 달하고 동쪽에서
용출하는 원천을 수로처럼 이어진 나무통을 따라 서쪽으로 흐르도록 하였다.
이곳의 주요 원천수는 강산성이라 주변은 온통 희끄무레하게 변해 있다.
나무통을 흐르는 원천수는 서쪽으로 모여 폭포를 이루며 쏟아지는데, 그 모습이
장관이다. 유바다케 일대는 오사카 엑스포기념공원의 '태양의 탑' 등을 만든
현대미술의 대가 오카모토 타로(岡本太郎)가 직접 감수하였다.
유바다케 바로 건너 2층 건물인 네츠노유(熱の湯)는
유모미(ゆもみ)라는 온천수를 식히며 부르는 노동요 공연으로 유명하다.
유모미칸으로도 불리는데 공연도 보고 온천수 식히는 체험도 할 수 있다.
유모미는 에도시대 이 지역을 다스리던 다이묘에게 적당한 온도의 온천수를
공급하기 위해 뜨거운 온천수를 식히는 것에서 기원하였다. 폭 40센티미터 길이
1.8미터의 긴 직사각형 나무판으로 온천수를 저으며 부르는 노래와 간단한 춤
동작을 유모미라 한다.

(가는 길)　항공 : 인천 – 도쿄 하네다와 나리타 공항(2시간 10분 소요)

기차 : ① 도쿄역, 우에노역(신칸센 이용) – JR 타카사키역(특급 혹은 보통) –
JR 나가노하라(長野原) 쿠사츠구치(草津口)역(도쿄역–쿠사츠구치역 2시간
30분, 자유석 3,080엔 특급권 1,760엔 합계 4,840엔)– 쿠사츠 온천(草津温泉)행
버스(요금 710엔, 30분 소요)

② 도쿄역(나가노 신칸센 이용) – 가루이자와역(약 70분 소요 7,320엔)
가루이자와역 – 쿠사츠 온천행 버스(약 1시간 20분 소요, 2,590엔, 1시간 2대꼴)
*버스 시간표와 요금 정보 http://www.kusatsu-onsen.ne.jp/access/train03.html
버스 : 도쿄, 신주쿠, 사이타마 신도심, 니시후나하시에서 스파리조트 라이나
셔틀 버스가 운행된다. 예약제로 편도도 가능. 예약 센터 T. 0279 88 5115

(온천)　대중 온천 18곳을 비롯하여 유료의 공동탕과 료칸, 호텔 온천탕 25곳이 있다.
이곳은 다른 온천과 달리 강산성으로 눈에 닿으면 따갑다. 보통은 그대로 말릴
것을 권장하지만, 쿠사츠의 경우 온천 후 반드시 물로 한번 씻어내야 한다.
*오타키노유 : 어른 800엔, 어린이 400엔, 9:00~21:00
*사이노카와라 노천탕 : 어른 500엔, 어린이 300엔. 7:00~20:00(12~3월까지는
9시에 오픈)
*쿠사츠 온천 메구리 : 3곳 온천을 즐길 수 있는 카드 성인 1,800엔 어린이 800엔
www.kusatsu-onsen.ne.jp/foreign/korean

71

나
라
야
료
칸

奈
良
屋

주소 : 군마현 아가츠미군 쿠사츠마치 쿠사츠 396

홈페이지 : http://www.kusatsu−naraya.co.jp

연락처 : 0279 88 2311

팩스 : 0279 88 2320

객실 형태 : 화양실(화실 + 베드, 거실) 36실

객실 요금 : 1박 2식(조ㆍ석식) 1인 기준 3,500엔~50,000엔

체크인, 아웃 : 14:00, 11:00

온천탕 : 6개의 탕(실내탕, 노천탕, 대여노천탕)

찾아가기 : 유바다케에서 도보 1분

쿠사츠에는 수백 년 동안 가업을 이어온 전통 료칸부터 세련된 호텔과 저렴한 민박 등 100곳이 넘는 숙박시설이 있다. 여러 사이트를 검색하여 고른 료칸은 오랜 역사가 있는 노포였는데, 아쉽게도 1인 숙박 불가였다. 결국 다른 료칸을 예약하였는데 인터넷에 올라온 사진과는 다른 것이 많아 아쉬웠다. 그래서 관광안내소의 도움을 받아 10곳이 넘는 료칸을 둘러보았다. 문화재로 등재된 야마모토칸을 비롯해 오랫동안 대를 이어온 고즈넉한 전통 료칸이 50곳은 넘었다. 그중 인상적인 곳이 바로 유바타케 근처의 료칸 나라야(奈良屋)과 에키나리야(益成屋)였다.

고풍스러운 외관을 자랑하는 나라야는 35개 객실로 꽤 큰 규모이다. 화실은 물론이고 양실에 일본 전통과 지방색을 더해 꾸며놓았고, 노송으로 만든 히노키 탕도 좋았다. 1인 투숙이 불가능한 에키나리야 료칸은 눈요기로 만족할 수밖에 없었지만 각 객실마다 온천탕이 딸려있어 호젓하게 쉬고 싶다면 추천할 만하다. 쿠사츠 원천수는 pH 2로 매우 강한 산성이라서 오타키노유 옆에 있는 정화공장으로 옮겨져 중성화시킨 후 각 온천탕과 료칸으로 보내진다. 이 과정에서 50~90도에 달하는 온도도 45~55도로 낮아진다. 쿠사츠에는 유바다케 원천수를 비롯하여 대형 원천수만 6곳, 크고 작은 원천수를 합하면 100곳이 넘는다.

대표 온천탕 사이노카와라, 오타키노유

관광안내소에서 쿠사츠 대표 온천 추천받았다. 노천탕은 사이노카와라(西の河原露天風呂), 내탕은 오타키노유(大滝乃湯)였다. 먼저 유바다케에서 상점가와 가타오카 츠루타로(片岡 鶴太郎) 미술관을 지나 마주한 사이노카와라 공원으로 향했다. 원천수가 흐르는 계곡에서 피어오르는 수증기와 숲으로 난 산책로는 몽환적인 분위기를 자아낸다. 산책로를 따라 올라간 사이노카와라 노천탕도 100명이 여유롭게 온천욕을 즐길 수 있을 정도여서 노천탕의 진면목을 느끼기에 충분하다. 바로 앞에 빽빽이 늘어선 편백나무와 소나무, 낙엽송이 어우러진 숲과 파란 하늘을 두고 노천탕에 몸을 담그니 모든 피곤과 스트레스가 날아가는 것 같다. 한 폭의 그림 같은 풍경을 눈앞에 두고 온천욕을 즐기면 저절로 힐링이 된다.

이어서 최고의 내탕이라는 오타키노유로 향했다. 이 곳은 100명이 동시에 입욕이 가능하다고 홍보하지만 막상 가보니 남녀 각 탕에 30여 명 정도가 이용하기에 적당한 규모였다. 그러나 나무로 만든 몇 개의 탕은 온도가 달라 선택의 즐거움도 있고, 숲을 바라보는 노천탕도 멋지다. 쿠사츠에는 오타키노유, 사이노카와라 노천탕 외에도 료칸의 온천탕과 무료 대중 온천탕 18곳 등 50여 곳이 넘는 온천탕을 이용할 수 있어 온천 순례에 최적이다.

해발 2160미터의 화산 호수

쿠사츠는 유바타케와 유황 등 토산품이 예쁜 상점가, 많은 문인과 조각가, 화가들의 흔적이 남은 곳 등 특히 볼거리가 많다. 그 중 가장 대표적인 곳이 해발 2,171미터의 시라네산(白根山)이다. 해발 2,160미터에는 푸

사이노카와라 공원의 노천탕. 쿠사츠 온천 최고의 노천탕으로 꼽힌다.

온천수가 흐르는 계곡을 산책로와 공원으로 조성해 놓았다.

른빛 화산호수 유가마(湯釜)가 있어 더욱 유명하다. 직경 300미터에 깊이가 30미터에 달하는 제법 큰 호수인데, 지구상에서 산성도가 가장 높은 호수라고 한다. 이번 여행에서 유가마 호수를 보기 위해 이틀 동안 세 번이나 찾았지만 굳은 날씨로 호수에 접근할 수가 없어 아쉽기만 했다.

시라네산 외에도 사이노카와라 공원과 장군이 잠들어 있는 무덤유적지와 비석을 비롯하여 시라에진자(白根神社)와 닛코지(日晃寺) 같은 종교유적지를 비롯하여 열대 동식물을 구경할 수 있는 쿠사츠 열대권, 온천센터 등 흥미로운 볼거리가 많다.

쿠사츠 온천은 에도시대 때부터 병을 고치는 탕치 온천(湯治溫泉)으로 유명하였다. 현대에 와서는 도쿄대 의대 교수인 독일 출신 엘윈 폰 베르츠(Erwin Von Baelz) 박사의 연구와 실험 결과가 국제 학술지에 소개되면서 국제적으로도 공인받고 있다. 육체적인 피로는 물론이고 심신피로와 피부병, 신경통, 당뇨병, 위장병, 특히 나병에 뛰어난 효과가 있다고 한다.

쿠사츠는 일본인이라면 평생 한번은 꼭 가보야 할, 온천의 성지 같은 곳이다. 3박 4일의 길지 않은 일정으로 진면목을 모두 느끼기는 어려웠지만, 온천과 관련해서 가장 다양한 체험이 가능한 마을이었다. 여러 온천탕 순례, 숲속에 온천수가 냇물처럼 흐르는 노천탕, 원천수가 솟아나는 거대한 온천밭, 유모미 체험, 명산으로 꼽히는 시라네산 자락에 안긴 듯한 쿠사츠 마을 풍경까지 말이다. ◗

주소 : 군마현 아가츠미군 쿠사츠마치 쿠사츠 406

홈페이지 : http://www.ekinariya.com

연락처 : 0279 88 2005

객실 형태 : 전체 화실(전용 온천탕 포함) 6실

객실 요금 : 1박 2식(조·석식) 1인 기준 24,350~26,550엔

체크인, 아웃 : 14:00, 10:00

온천탕 : 남녀 실내탕, 대여탕

당일 온천 : 성인 1,000엔, 어린이 500엔 10:00~12:00

찾아가기 : 유바다케에서 도보 1분

（숙박）　100곳이 넘는 다양한 숙박시설이 있으며, 전통 료칸은 70여 곳으로 대부분 중소규모이다. 1박 2식 1인 기준 요금은 18,000~30,000엔 정도이며 저렴한 료칸은 8,000~16,000엔이다.

료칸 정보 www.yumomi.net

숙박 정보 kusatsu-accommodations.jp (한글지원)

온천 정보 http://www.kusatsu-onsen.ne.jp (한글지원)

고유아칸 http://www.kusatu.com/kouakan

기요시게칸 http://www8.wind.ne.jp/kiyosige

가네미도리 http://www.kanemidori.co.jp

야마모토칸 http://yamamotokan.com

유모토칸 http://www.kusatsu-yumotokan.co.jp (한글지원)

이치가와 http://www.ichikawainn.com

1 원천수가 흐르는 계곡으로 흰 연기가 피어오른다.
2 온천수에 삶은 계란을 맛보는 것은 온천의 즐거움 중 하나이다.
3 온천 마을의 족욕탕.
4 쿠사츠 온천 마을의 상점가.
5 가타오카 미술관.
6 마을 곳곳에 보이는 문학비.
7 온천수로 반죽한 '온센 만쥬'를 파는 할아버지.

(볼거리)　　대표적인 명소로 시라네산, 쿠사츠 열대권, 온천 자료실, 사이노카와라 공원,
시라네 스키장 등이 있다.
*쿠사츠 온천 자료관(www.kusatsu-onsen.ne.jp) : 성인 200엔, 어린이 100엔,
09:00~16:30(입장 16:00까지)
*유모미와 춤 공연 : 성인 600엔, 어린이 300엔. 공연관람료 성인 700엔, 어린이
350엔. 공연시간 9:30, 10:00, 10:30, 15:30, 16:00, 16:30
유모미 체험 : 성인 250엔(12세 이상), 11:30~14:00(4월 상순~8월 하순)

기후현
게로 온천

오
가
와
야

료
칸

미
야
코

료
칸

은하수 하늘 아래 강변 노천탕
게로 온천

웅장한 산들과 산촌의 전통 문화를 잘 간직한 마을과 온천이 있어 섬나라
일본의 어느 지역과도 다른, 독특한 아름다움을 지닌 기후현. 전통 상점이
늘어선 다카야마 신마치, 산촌의 전통 가옥이 보존되어 있는 세계문화유산
시라카와고, 일본 3대 명산으로 알려진 북알프스 자락의 온타케산 등 어느
지역에서도 볼 수 없는 풍광이 있다. 기후현 행정중심지인 남쪽 기후시와
문화중심지인 북쪽 다카야마 사이에 유서 깊은 산간 온천마을 게로(下呂)가
있다.

에도시대부터 이어져온 일본 3대 명천
　　　게로역 입구에는 벌써 여러 료칸에서 송영 차량이 나와 있다.
나이 지긋한 성인들이 큰 푯말을 든 모습이 이색적이다. 오늘 묵을 료칸
오가와야(小川屋)도 보이지만 벌써 여러 차례 와 본 곳이라 그냥 걷기로 했다.
　　　히다가와(飛騨川, 현지인들은 마스다가와(益田川)라고 부른다)로
향하는 거리에는 드라마 〈나쁜 남자〉 촬영지임을 알리는 표지판과 포스터가
걸려있다. 조금 더 가면 게로 온천의 중심인 히다가와의 게로 오하시(下呂大橋)
다리가 나오고, 게로를 상징하는 혼욕노천탕 훈센치도 보인다. 이른 시간이라
강변의 탕에 사람은 보이지 않고 흰 목욕용 바가지만 사방에 흩어져 있다.
　　　게로는 에도 시대부터 병을 치유하는 탕치 온천으로, 그 명성은 타의
추종을 불허한다. 온천박물관 자료에 따르면 헤이안 시대인 10세기 중반부터
온천이 시작되었고, 지금의 온천마을이 형성된 것은 13세기 말이라고 한다.
지금도 히다가와 강변에는 온천욕을 통해 병을 치료하는 큰 규모의 온천병원과
온천 연구소들이 있다.
　　　백로로 변신한 약사여래가 온천수로 상처를 치유하였다는 전설은
탕치온천의 유래를 잘 보여준다. 도쿠가와 이에야스의 정치고문이자 유명한
성리학자인 하야시 라잔(林羅山)이 시집에 아리마, 쿠사츠와 함께 게로를 일본
3대 명천이라고 기록한 이후, 지금까지도 3대 명천으로 회자되고 있고, 여행서나
온천 관련 책에도 3대 명천으로 소개되어 있다.
　　　게로 온천은 약알칼리성으로 투명한 단순온천수이다. 피로회복,

류머티즘, 근육통, 신경마비, 신경통, 만성위장병, 치질 등에 효과가 뛰어난 것으로 알려져 있다. 땅에서 솟는 온천수는 섭씨 84도로 료칸이나 온천탕에는 55도로 식혀 공급되지만 그래도 제법 뜨겁다.

오오하시 아래 히다가와 천변에는 낭만적인 혼욕노천탕 훈센치(噴泉池)가 있다. 365일 24시간 무료 개방하는 탕으로, 어둠이 내려앉으면 주민들이 나와서 온천욕을 즐긴다. 더욱 밤이 깊고 은하수가 터널을 이루면 젊은이들이 찾는다.

탁 트인 밤하늘 아래 강변 온천을 즐기는 기분은 너무도 평화롭다. 단, 혼욕탕이지만 남녀가 함께 온천을 즐기는 모습은 좀처럼 볼 수 없고, 간혹 수영복을 입고 온천욕을 하는 경우가 있었다.

산촌 주민들의 삶을 엿볼 수 있는 명소들

마을 언덕 위에는 산촌의 전통 가옥인 갓쇼무라(合掌村)가 있다. 시라카와고에서 옮겨온 것으로, 두 손을 모아 기도하는 합장과 비슷하다고 해서 갓쇼라 부른다. 뾰족 지붕에 갈대를 덮어놓았는데, 내부는 3층으로 꼭대기 층은 산촌 주민들의 주요 소득원이었던 누에를 키우는 공간이다. 가족 공용 공간에는 화로인 이로리(いろり)가 있다. 다다미 마루의 일부를 네모나게 자르고 불을 피우는 이로리는 추운지방에서 흔히 볼 수 있 는데, 취사와 난방의 역할을 한다. 나무를 태울 때 나는 연기는 벌레와 해충을 쫓아내 집을 보호하고 가족의 건강도 지켜주는 등 옛사람들의 지혜를 엿볼 수 있다.

산촌의 전통가옥인 갓쇼.

(가는 길)   항공 : 인천 – 나고야 공항 1시간 50분 소요
　　　　　기차 : 나고야 공항 – JR나고야역, 뮤 스카이 21분, 자유석 870엔, 지정석 1,230엔
　　　　　나고야역 – 게로역 특급 히다(1시간 30분 소요) 4,900엔
　　　　　버스 : 나고야역 앞 버스정류장 – 게로 온천(14:00 출발, 16:30분 도착) 운행.
　　　　　편도 3,300엔, 왕복 4,500엔(예약제)
　　　　　게로 온천에서 나고야역 직행 셔틀버스 10:30 출발 13:00 도착
　　　　　예약은 료칸조합 0576 252064
　　　　　*게로 온천 http://www.gero-spa.or.jp/(한글지원)

(온천)　 30여 곳의 온천이 있는데, 족탕과 훈센치 노천탕은 무료다. 대중온천탕인
　　　　　쿠아가든과 시라사기노유는 유료다. 온천어음인 1,300엔짜리
　　　　　유메구리데카타(湯めぐり手形)를 구입하면 료칸 세 곳의 온천탕을 이용할 수
　　　　　있다. 기간 내에 3회를 사용할 수 있는, 독특한 온천 입욕권이다.
　　　　　*쿠아가든 : 노천탕으로 이루어진 공동온천. 600엔. 목요일 휴관
　　　　　*시라사기노유(白鷺の湯) : 100여 년 역사를 자랑하는 공동온천으로 백로의
　　　　　전설에서 따온 온천이다. 350엔. 수요일 휴관, 이용시간 10:00~22:00
　　　　　*시치노유 : 성인 350엔, 어린이 150엔, 이용시간 10:00~22:00

(숙박)　 숙박비가 저렴한 편이다. 1박 2식 1인 기준 요금은 15,000~30,000엔이며,
　　　　　10,000~12,000엔 정도의 저렴한 곳도 있다. 민박은 조금 더 저렴하다. 온천협회
　　　　　공식 웹사이트를 참고하면 된다.

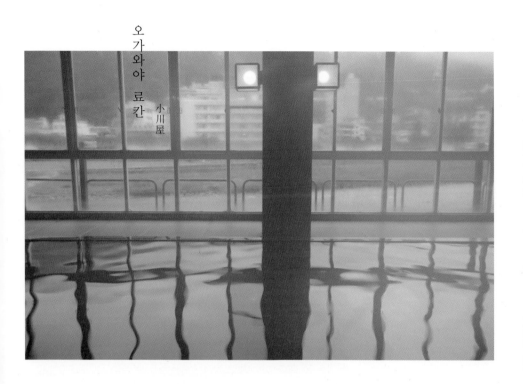

오
가
와
야 료
칸

小川屋

주소 : 기후현 게로시 유노시마 570

홈페이지 : http://www.gero-ogawaya.net

연락처 : 0576 25 2118

객실 형태 : 본관, 별관의 화실(다다미방) 90실, 화양실 5실, 양실 1실

객실 요금 : 1박 2식(조·석식) 1인 기준 13,000엔~40,000엔

체크인, 아웃 : 15:00, 11:00

온천탕 : 대형 남녀 실내탕, 남녀 노천탕, 남녀 사우나, 대여 가족탕

부대 시설 : 도서실, 사우나, 전시관, 족탕, 찻집

당일 온천 : 식사와 가족탕 대여, 마사지 포함 등 다양한 1일 프로그램이 있음

(3,000엔~)

찾아가기 : 게로역에서 송영 서비스

게로에서 처음 묵었던 곳은 중간 규모의 료칸 미야코(ミヤコ)였다. 잘 가꾸어진 아기자기한 정원과 아늑한 분위기로 전통료칸의 풍정을 느낄 수 있었다. 두 번째는 요리로 유명한 스이호엔에 묵었다. 음식점에서 료칸으로 발전한 스이호엔은 객실과 온천, 휴게실 등 깨끗한 시설과 음식도 훌륭했다. 이번 여행에서는 1인 숙박이 가능한 오가와야 료칸을 선택하였다. 호텔과 달리 료칸은 음식과 객실 서비스가 숙박요금의 많은 부분을 차지하기 때문에 1실 기준 2인 이상 예약 받는 경우가 많다.

히다가와 강변과 훈센치 노천탕과 산을 조망할 수 있는, 온천 마을 중심에 위치한 오가와야(小川屋)는 100여 개 객실을 갖춘 큰 규모이다. 료칸에서는 보기 드문 대규모 내탕과 핀란드식 사우나, 노천탕에서 바라본 산과 어우러진 강변 풍경도 멋지고, 혼욕노천탕 훈센치가 가까이 있어 무엇보다 좋았다.

오가와야 료칸의 역사를 보여주는 전시공간에는 처음 세워질 당시 흑백 사진, 오카미와 나카이의 의상과 액세서리, 각종 용품은 말할 것 없고 과거 객실에 두었던 인형과 족자 등 정말 사소한 물건도 정성스레 전시하고 있다. 료칸 주인장의 정성이 느껴지는 아늑한 도서실도 이색적이다. 10여 평쯤 되는 방에는 온천 관련 책과 소설, 여행서가 꽂힌 서가가 있고 드문드문 방석도 놓여있다. 오가와야 료칸은 이런 공간 배려 덕분에 단순한 쉼의 공간이 아니라 문화 공간으로도 부족함이 없어 만족스러웠다.

게로의 혼욕 노천탕으로 훈센치, 쿠아가든, 시라사기노유 같은 대중탕과 족탕, 료칸 내의 온천탕 등 10여 곳을 가 보았는데, 대중 온천탕인 쿠

아가든(クアガーデン)과 스이호엔(水鳳園) 료칸의 온천탕이 가장 기억에 남는다. 노천탕뿐인 쿠아가든은 나무 담장이 둘러쳐져 있어 산과 마을, 히다가와를 자세히 볼 수는 없지만 물소리를 들으며 즐기는 온천욕만으로도 낭만적인 분위기를 느끼기에 충분하다. 그리고 아침 시장 앞에 위치한 스이호엔 료칸의 노천탕에서는 웅장한 산을 감상하며 아늑한 히노키 욕조에서 혼자만의 시간을 보낼 수 있어 그만이다. ◐

미야코 료칸
홈페이지 : http://www.miyako21.co.jp (한글지원)
객실 형태 : 본관 화실 15실(일반 10실, 전용탕 포함 5실), 전용노천탕 포함 별관 4실
객실 요금 : 1박 2식(조·석식) 1인 기준 22,000엔~46,000엔
체크인, 아웃 : 15:00, 10:00
온천탕 : 남녀 대욕장, 대여 노천탕 2, 정원 대욕장 1

스이호엔
홈페이지 : http://www.e-onsen.co.jp (한글지원)
객실 형태 : 본관 13실(일반, 노천탕 포함 화실, 양실 1실), 별관 6실(노천탕 포함 화실 5, 양실 1)
객실 요금 : 1박 2식(조·석식) 1인 기준 16,500엔~35,000엔
체크인, 아웃 : 14:00, 10:00
온천탕 : 남녀 대욕장, 남녀 노천탕, 대여탕

오가와야 료칸 노천탕에서는 히다가와 강변과 노천탕 훈센치가 한눈에 내려다보인다.

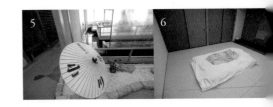

（볼거리） 산촌의 전통 주택인 갓쇼무라를 비롯하여 온천사와 겟쇼지 등이 있다. 한 시간
거리에 세계문화유산으로 지정된 시라가와고(白川鄕) 마을이 있다. 산촌
마을의 독특한 전통가옥이 잘 보존된 마을로, 이국적인 풍경으로 유명하다.
게로온천 료칸 정보 : https://www.hida-gero.jp/(한글지원)
게로온천 조합 : https://www.gero-spa.or.jp/bas/(한글지원)

（료칸）　　기소야 http://www.kisoya.com
　　　　　사사라 http://www.sasara.co.jp
　　　　　마츠무라야 http://www.matsumuraya.com
　　　　　미노리소 http://www.minoriso.co.jp
　　　　　후카쿠 http://www.gero-fugaku.com
　　　　　유노시마칸 https://www.yunoshimakan.co.jp (한글지원)
　　　　　스이메이칸 https://www.suimeikan.co.jp (한글지원)
　　　　　보센칸 https://www.bosenkan.co.jp/p

1 오가와야 료칸 객실.
2,4 게로 온천의 상점가.
3 게로 온천을 상징하는 강변의 노천탕인 훈세치.
5, 7, 8 오가와야 료칸은 꽤 규모가 커 실내 휴식공간과 도서실, 전시실 등의
공간이 잘 갖추어져 있다.
6 오가와야 료칸 잠자리.

효고현
아리마 온천

아리마산장 고쇼벳쇼

도센 고쇼보

아리마 온천

일본서기에는 1,400년 전 교토에 거주하던 조메이 왕이 아리마(有馬) 온천을
찾았다는 기록이 남아 있다. 천여 년 동안 일본의 중심이었던 간사이 지방에
위치하여 왕과 유명 승려, 도요토미 히데요시 등 역사적 인물들이 많이
찾으면서 전국적인 유명세를 누렸다. 아리마 온천은 산촌이나 농촌, 어촌에
자리한 작은 온천마을과는 확연히 다른 풍경이다. 마을 중심에 위치한 고즈넉한
골목을 따라 늘어선 주택과 료칸, 상점들은 옛 아리마의 정취가 남아 있지만
외곽에 지어진 대형 온천 호텔 등으로 인해 전체적인 분위기는 리조트에
가깝다고 할 수 있다. 그럼에도 여전히 많은 이들이 찾는 것은 유명세도 있을
터이고, 명천으로 이름난 온천탕이 있기 때문이다.
     직행 버스 대신 갈아타는 번거로움이 있지만 정취가 있는 전철을 탔다.
환승 포함 50여 분 정도 걸리는데, 선로 주변에 펼쳐진 풍경이며 작은 터널
옆에 서 있는 집, 조용조용 이야기 나누는 할머니들과 아주머니도 물끄러미
바라보며 온천으로 향했다. 19년 전 이곳을 찾았을 때는 벚꽃이 만개한
봄이었는데, 지금은 단풍이 시작되려고 한다. 다이코교(太閤橋)와 유케무리
광장의 도요토미 히데요시 상과 분수는 여전하고, 조금 더 올라가면 도요토미
히데요시의 정부인 네네의 동상도 보인다.

아리마 온천을 대표하는 금천과 은천
     언덕을 따라 이어진 골목 유모토자카와 네가이자카를 걷다보면
주택 사이에 수증기가 나오는 원천수를 만나게 된다. 아리마에는 여러 료칸과
온천탕에 온천수를 공급하는 여섯 개의 원천수가 있는데, 일본에서 오래된
3대 원천수 고쇼센겐(御所泉源)과 3대 명원천수 텐진센겐(天神泉源), 그리고
고쿠라쿠센겐(極樂泉源) 등 하나같이 유명한 명천들이다. 흰 연기를 뿜는
원천수를 찾아가는 것도 온천마을에 묵으며 누리는 즐거움이다.
     아리마 원천수는 섭씨 18~92도로 큰 차이가 있다. 성분도 단순
온천수부터 이산화탄소, 탄산수소, 염화나트륨, 철과 방사능이 함유된
온천수까지 다양하다. 료칸과 호텔들은 철분이 많아 황토색에 가까운 탁한
온천수를 금천, 맑고 투명한 온천수를 은천이라 부르는 온천탕을 갖추고

있다. 다량의 철분과 염분이 포함된 금천은 보온과 보습효과에 뛰어나며
피부염, 관절염, 비염, 건선 등에도 효과가 있다고 한다. 무색투명한 은천은
이산화탄소와 몸에 좋은 미량의 방사능 원소가 포함되어 있어 피로회복,
관절염, 근육통, 심장질환 등에 좋다고 일본 환경성에서 자료를 내놓기도 했다.
　　　아리마에는 킨노유(金の湯)와 긴노유(銀の湯), 여러 탕을 갖춘
온천테마파크인 다이코노유(太閤の湯) 같은 대중탕이 있어 550~650엔을
내고 이용할 수 있다. 금천이라 불리는 킨노유에서 온천을 마친 후 몸을 닦은
하얀 수건에 배어나던 황토색을 잊을 수 없다. 10여 곳의 료칸과 호텔에서는
당일온천객에게 유료로 개방하고, 식사와 온천을 묶어 판매하는 1인당
5,000~10,000엔의 상품을 판매한다. 당일 여행객이라면 경험해보는 것도 좋을
것 같다.
킨노유 성인 650엔, 08:00~22:00, 긴노유 성인 550엔, 09:00~21:00
킨노유+긴노유 통합권 850엔, 킨노유+긴노유+다이코노유 통합권 1,000엔

도요토미 히데요시와 아리마
　　　아리마에는 흥미로운 유적지도 많다. 594년 쇼토쿠태자(聖德太子)에
의하여 창건된 고쿠라쿠지(極樂寺), 724년 교기쇼닌(行基上人)이 창건한
온센지(溫泉寺)가 있다. 우리 민족과는 악연이 깊은 도요토미 히데요시는 아홉
차례나 아리마를 찾았다. 마을에는 유케무리 광장의 히데요시 동상과 부인
네네의 동상과 이름을 딴 자그마한 다리인 네네바시(ねね橋), 고쿠라쿠지 인근
넨부츠지(念佛寺)는 네네의 별장 터이며, 아리마 역사와 온천에 관한 자료를
보관해 놓은 다이코노 유도노관(太閤の湯殿館)에는 도요토미 히데요시의
친필이 보관되어 있다.

(가는 길)　항공 : 인천 – 간사이 공항(2시간), JR 간사이공항역 – 산노미야역(1시간)

간사이 공항에서 고베 산노미야로 가서 버스 혹은 전철로 가야한다.

버스 : ① 간사이 공항 리무진버스 6번 승강장 – 고베 산노미야 버스터미널 –

아리마

② 간사이 공항 – 오사카 우메다. 우메다 버스 터미널 – 아리마

기차 : 간사이 공항 – 고베 산노미야역(1시간) 환승 – 고베시영지하철 타니가미

역(환승) – 아리마구치역(환승) – 아리마 온천행 전체 2시간 10분. 환승시간

포함 약 3시간 예상. 자세한 교통편은 www.arima-onsen.com 참고

(온천)　　 아리마는 료칸 중심으로 온천탕이 운영되고 있으며 대중온천탕 킨노유, 긴노유,

다이코노유 공동온천탕과 10곳의 료칸과 호텔에서 가족탕과 일반 온천탕을

개방하고 있다. 당일로 식사와 온천을 할 수 있는 상품도 11곳의 료칸과

호텔에서 판매하고 있다. 온천 요금은 550~2,400엔, 식사와 온천이 결합된

상품은 1인당 5,000~10,000엔. (료칸이나 호텔에서 직접 접수하고 있으며

온천협회를 통해 예약도 가능하다)

킨노유 : http://feel-kobe.jp/arima

긴노유 : http://feel-kobe.jp/arima

다이코노유 : www.taikounoyu.com

아리마 최초의 외국인 전용 숙박시설이었던 하나고야도 료칸 호텔.

도
센 고
쇼
보

陶泉　御所坊

주소 : 고베시 북구 아리마초 858
홈페이지 : visit.arima-onsen.com (한글지원)
연락처 : 078 904 0551
객실 형태 : 본관과 별관 전 20실(화실, 화+양실)
객실 요금 : 1박 2식(조 · 석식) 1인 기준 18,500~73,500엔
체크인, 아웃 : 15:00, 10:00
온천탕 : 반노천탕
당일 온천 : 이용료 1,575엔(11:00~15:00 이용가능)
찾아가기 : 아리마 마을 주차장에서 료칸까지 무료 송영 서비스

아리마에는 객실 8~10개가 전부인 아담한 료칸에서 객실이 200개가 넘는 대규모 숙박시설까지 40여 곳이 있고, 가격도 1인 기준 1박 2식에 1만 엔부터 5~6만 엔이 넘는 다양한 숙박시설이 있다. 호텔과 달리 료칸은 위치와 객실 형태, 규모, 음식, 온천, 정원과 기타 서비스 등을 종합하여 가격을 책정하는데 아리마 지역은 다른 곳에 비해 비싼 편이다.

최고급 료칸은 다르지만, 대규모 객실을 갖춘 곳은 대부분 호텔에 가깝다. 그랜드호텔(グランドホテル)과 아리마 뷰호텔(ビューホテル)은 아예 이름도 호텔이다. 더구나 대형 관광버스로 실어온 단체 손님이 묵는 곳은 조용히 쉬어 가려는 온천 여행자에게 아무래도 불편하기 마련이다.

아리마 온천은 다른 온천에 비해 교통이 편리해서 찾는 이들이 많아 대형 숙소도 많은데, 700년을 같은 자리를 지키는 효에 코요카쿠(兵衛向陽閣), 아리마 교엔(有馬御苑), 970년 역사를 자랑하는 오쿠노보(奥の坊) 등의 고급 료칸도 대규모 호텔 규모다. 큰 료칸이나 호텔은 다양한 온천탕과 편의시설이 많아 가족 여행에 적합하다.

두 번 아리마를 찾아 료칸에 머무르면서 둘러본 곳 중 란스이, 고쇼보와 산장 고쇼벳소, 가이오보 등은 전통 료칸의 분위기가 묻어나는 곳이었다. 고쇼보는 소설가 타니자키 준이치로, 이토히로부미 등 유명인들이 머물던 곳으로 유명하고, 고쇼벳소는 1400평 부지에 별채 10실이 자리하여 완전한 독립공간을 제공해서 매력적이다.

이번 여행에서 묵었던 네네바시 인근의 료칸은 아리마에서도 오랜 역사를 자랑하지만 대형화, 현대화하여 전통 료칸의 정취를 느낄 수는 없었

아리마산장 고쇼벳소

有馬山叢 御所別墅

주소 : 고베시 북구 아리마초 958
홈페이지 : http://goshobessho.com
연락처 : 078 904 0554
객실 형태 : 양실 10실(전실 스위트룸)
객실 요금 : 1박 2식(조·석식) 1인 기준 30,000~100,000엔
온천탕 : 남녀 내탕, 대여탕
당일 온천 : 11:00~14:00, 이용료는 점심 식사 +1050엔
찾아가기 : 아리마 온천역과 버스터미널 등에서 송영 서비스

다. 살짝 실망하면서 객실에 짐을 내려놓고 료칸의 온천탕으로 향했다. 숙박객만 이용하는 온천이라 옷 바구니에 카메라 가방을 옷으로 잘 덮고 내탕으로 들어갔다. 손님들과 이런저런 이야기를 나누면서 촬영 허락을 받고, 카메라를 가지러 나오니 카메라 가방이 보이지 않는다. 온천탕에서는 불과 7~8분, 그 사이 온천욕을 마치고 나간 손님은 두 사람뿐이었지만 몇 명이 옷을 보관한 장소에 다녀갔는지는 알 수 없다.

데스크에 자초지종을 설명하고 파출소에 도난신고를 했다. 미처 컴퓨터에 옮겨놓지 않은 사진들과 잃어버린 카메라에 속상했지만 애써 마음을 다독이고 예비로 준비한 사진기를 들고 다시 거리로 나섰다. 좀전의 가랑비는 굵은 빗줄기가 되어 내렸다. 7년 전 기억을 더듬으며 고즈넉한 골목을 따라 공동온천 킨노유(金の湯)로 향했다. 10월 말까지 공사 중이라 영업을 안 한다고 한다.

지금껏 여행하면서 일본은 도난에 관한 안전지대라고 생각했던 믿음이 깨져버렸다. 그리고 가파른 산자락에 우뚝 솟은 대형 료칸도, 우리에겐 침략자인 도요토미 히데요시의 흔적을 곳곳에서 확인하는 것도 마음이 불편하긴 마찬가지였다. ◗

(숙박) 하시노야 별관 란스이(橋乃家別館 嵐翠) http://www.ransui.com/about.html
가미오보(上大坊) http://www.kamiobo.com
료칸 킨잔(欽山) http://www.kinzan.co.jp
온천조합(visit.arima-onsen.com)에서 다양한 료칸 정보와 예약 안내를 받을 수
있다.

1,2,5,8 아리마 상점가는 개성있는 카페와 고베 치즈케이크, 센베 등을 파는 가게 등이
늘어서 있어 보는 즐거움이 크다.
3 오쿠노보 료칸의 아침식사.
4 킨노유 온천 앞에 있는 아리마 완구박물관
6 텐진신사 안에 있는 텐진센겐은 아리마 원천수 가운데 하나이다.
7 오치바 산으로 접어드는 입구의 묘켄지 사인보드.

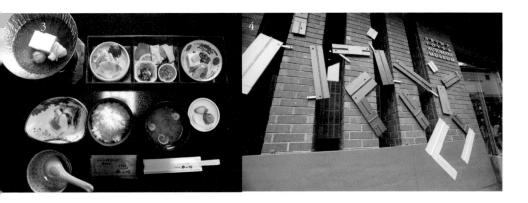

(볼거리)　마을 아래쪽에 위치한 다모토 바위를 비롯하여 롯코 계곡, 츠즈미가타키 폭포 등을 볼 수 있다. 인근 명소로는 케이블카를 타고 오르는 롯코산 전망이 좋다. 이곳에서 고베 항구 등 근처 바다 풍경을 조망할 수 있다. 아톰의 고향이자 여성 가극단 '다카라즈카'의 발상지인 다카라즈카도 가볼만 하다.

와카야마현
시라하마 온천

뉴오시도리 료칸

일본 최고의 바닷가 온천 마을
시라하마 온천

9월 중순인데도 시라하마 해변에는 해수욕을 즐기는 사람들로 북적인다.
해변을 따라 늘어선 웅장한 숙박시설은 온천마을이란 말이 조금 민망할
정도이지만, 일본 국내에서는 꽤 유명한 관광지이다. 한때는 신혼여행지로도
유명했으나 지금은 가족 단위의 여행객들이 주로 찾고 있다.

역에서 시내버스를 타고 사키노유 온천으로 향했다. 흰 구름이
어우러진 푸른 바다는 한 폭의 멋진 그림이다. 그런데 진입로에 출입금지와
임시휴일이라는 안내판이 붙어 있다. 휴일은 매주 수요일인데, 뭔가 이상해 주변
상가에 물어보니 태풍 때문이란다. 온천욕은 됐으니 구경만 하겠다고 했지만
요지부동이다. 사키노유는 바다와 바로 접해 있는 천연 암석의 온천탕으로,
약 10미터 앞에 드넓은 태평양이 펼쳐져 있어 바위를 치며 파도가 탕 안까지
들이치는 멋진 풍광이 가히 일품이라고 한다. 일본 최고의 노천탕인데,
사진은커녕 구경도 못하고 돌아서니 아쉬운 마음이 더욱 크다. 료칸으로 돌아와
이유를 들어보니, 태풍으로 해변지역은 일찌감치 비상사태에 들어갔다고 한다.

사키노유에서 나와 언덕으로 올라가면 일본 왕 행차를 기념한 1미터
크기의 요오코시바(行幸芝)가 있다. 안내판에는 아스카 시대(飛鳥時代)
제37대 왕 사이메이(齊明)와 제38대 왕이 된 덴지(天智)가 태자시절 이곳을
찾아 머물며 온천으로 병을 치료했다는 내용이 영어와 일어로 소개되어 있다.

사키노유와 함께 유명한 탕 중 하나인 무로노유(牟婁の湯)로
향했다. 사키노유에서 시내 쪽으로 500미터 거리인 무로노유는 염화나트륨과
염화탄산수가 포함된 두 종류의 원천수가 용출되고 있다. 약알칼리성 온천수는
섭씨 75도와 83도로 부인병, 만성위장병, 갱년기피로, 화상, 피부상처 등에
효과가 있다고 한다. 따뜻한 탕에 몸을 담그고 해변을 바라보는 풍광이 멋지다.
여기서 버스터미널이 있는 시내 쪽으로 가면 츠쿠모토 족탕(つくもと足湯)이
있고, 그 옆에는 흰모래를 의미하는 시라스나(しらすな) 노천탕이 있다.
모래사장과 면한, 가장 개방적인 형태의 혼욕노천탕이어서인지 사람들은
수영복 등을 입고 온천욕을 즐기고 있었다. 온천탕이라기보다 수영장에 가까워
보였다. 섭씨 75도인 원천수는 여성병과 만성위장병, 화상에 효과가 뛰어나다고
알려져 있고 해수욕장과 붙어 있어 인기가 높다.

시라스나 노천탕을 지나 300미터쯤 가면 해변 솔밭 한가운데
시라라유(白良湯) 온천이 있다. 전형적인 일본식 건물 2층의 온천탕은
시라스나, 무로노유와 효능은 비슷하지만, 창밖으로 보이는 흰 모래사장과
바다, 하늘이 어우러진 풍광만큼은 인상적이었다. 시라하마에는
마츠노유(松乃湯), 다이시젠노유(綱の湯) 등 모두 6곳의 외탕(外湯)과 7곳의
족탕이 있어 바다를 바라보며 느긋하게 온천을 즐길 수 있다. 단 온천마다
휴일이 달라 가기 전에 미리 확인해야 한다.

시라하마 해변의 조각상.

시라하마행 기차에서 보이는 바다 풍경이 멋지다.

(가는 길)	항공 : 인천 – 간사이 공항(2시간 소요)

(가는 길)　항공 : 인천 – 간사이 공항(2시간 소요)

기차 : ① 간사이 공항 – 오사카 텐노지(45분 소요) – 시라하마 온천(2시간 10분)
② 신오사카역 – 시라하마 특급 오션 알로& 특급 기노쿠니션 열차(2시간 40분
소요)

버스 : 오사카 난바 OCAT, 오사카역 버스정류장에서 매일 6회 왕복 운행(2시간
50분~3시간 소요). 시라하마역에서 온천지역까지 시내버스로 15분 380엔
*교통편, 숙박, 관광정보는 시라하마관광협회(www.nanki-shirahama.com)
참고

(숙박)　시라하마의 주요 숙박은 호텔이지만, 저렴한 민박이 많다. 료칸은 1박 2식
1인 기준으로 15,000~22,000엔 정도이며 고급 료칸도 25,000~45,000엔으로
타지역에 비해 저렴한 편이다.

(온천)　사키노유, 무로노유, 시라라유, 시라스나 등 6개의 외탕(외부의 대중온천탕)이
있으며 요금은 500엔 정도이다. 각 온천마다 휴일이 다르기 때문에 확인 후
이용해야 하며, 족탕은 7곳으로 대부분 무료이지만 긴자 족탕은 100엔을
받는다. (http://www.nanki-shirahama.net)
–사키노유 : 매주 수요일 휴무. 요금 500엔. T. 0739 42 3016
영업시간 8:00~17:00(여름에는 19:00, 겨울에는 17:00까지)
–무로노유 : 매주 화요일 휴무. 요금 500엔. T. 0739 43 0686
영업시간 7:00~22:00
–시라스나 : 매주 월요일 휴무. 요금 100엔. T. 0739 43 1126
영업시간 10:00~15:00(5, 6월은 17:00, 7~9.15은 19:00까지)
–시라라유 : 매주 목요일 휴무. 요금 400엔. T. 0739 43 2614
영업시간 7:00~22:00

대중 온천탕인 시라라유 휴게실.

시라하마 곳곳에는 무료 족탕이 있어 쉬어갈 수 있다.

뉴오시도리 료칸 ニューオシドリ

주소 : 와카야마현 니시무로군 시라하마초 1407

홈페이지 : http://www.gsdenchi.co.jp/oshidori.htm

연락처 : 0739 42 3239

객실 형태 : 화실(다다미방) 12실

객실 요금 : 1박 2식(조·석식) 1인 기준 평일 10,650엔, 주말 12,600엔

온천탕 : 실내탕 2개, 노천탕 1개

체크인, 아웃 : 15:00, 10:00

찾아가기 : 시라하마역, 버스터미널에서 시내버스를 타고 사키노유 입구에서 하차.

유서 깊은 온천마을의 숙박시설들이 대형화, 현대화되는 추세이지만 시라하마는 대부분이 온천 호텔이나 리조트형 호텔이고, 전통 료칸은 손에 꼽을 정도였다. 오래된 온천마을인 쿠사츠나 기노사키처럼 세월의 무게를 느낄 수 있는 료칸은 찾아보기 어렵고, 현대화된 곳뿐이었다. 내가 묵었던 뉴오시도리(Newおしどり)도 400년 역사를 자랑하지만 전통 료칸이라 하기 어려울 정도로 밋밋했다.

온천보다 해수욕장을 찾는 관광객이 더 많기 때문인데, 시라하마에 머무는 동안 찾았던 대중온천탕은 모두 한산한 반면, 9월인데도 백사장에는 수영과 일광욕을 즐기는 이들로 북적였다. 해안 리조트로 변모한 시라하마에는 다른 온천지역에서 찾아보기 힘든 민박이 많이 눈에 띄었다. 2~3개 방이 전부이거나 많아도 10개 남짓한 방을 갖춘 민박은 료칸과 호텔에 비해 가격이 저렴해 가족 여행객에게 인기가 높았다.

아늑하고 낭만적인 온천마을을 상상했다면 시라하마에서 실망감을 느낄지도 모르겠다. 그러나 늦여름까지 아름다운 해변에서 해수욕을 즐기며 시원스런 해안 절벽과 멋진 석양을 감상할 수 있고, 가족끼리 참치 해체로 유명한 토레토레 어시장에서 신선한 횟감을 사거나 해양 스포츠를 즐기고, 바다를 바라보며 온천까지 할 수 있는, 오감만족의 여행지로는 최적이다. ◑

(료칸) 기구야 료칸 http://www.kikuya-ryokan.com
만테이 http://www.mantei.jp
오베르주테라스 http://www.southterrace.co.jp
르안돈 시라하마 http://www.luandon-sh.com
무사시료칸 https://www.yado-musashi.co.jp(한글지원)

(볼거리) 호주에서 공수해 온 흰 모래해변 해수욕장이 유명하다. 엘리베이터를
이용해 수중 8미터까지 내려가 각종 열대어와 어류를 감상할 수 있는 해중
전망대(800엔, 09:00~16:30), 동그랗게 뚫린 바위 사이로 보이는 일몰이
아름다운 엔게츠토 섬, 절벽 약 2킬로미터에 걸친 드넓은 암벽 바위인 산단자키,
교토 킨카쿠지를 연상시키는 시라하마 킨카쿠지와 혼카쿠지 등 다양한 자연과
문화를 동시에 둘러볼 수 있다. 3월 하순의 벚꽃 축제, 5월 하순 모래축제, 6월
겐토사이 축제, 7월 말 불꽃 축제, 8월 오도리 축제, 10월 캔들 축제, 11월 고쇼
마츠리, 12월 시라하마 일루미네이션 축제 등 매월 다양한 축제가 펼쳐진다.

（먹을거리） 해변에 자리한 온천으로 료칸에서는 신선한 해산물 요리를 제공하고 있으며, 도심과 해변에 자리한 음식점에서도 해산물 요리를 맛볼 수 있다. 서일본 최대의 해산물시장인 토레토레 시장은 참치 해체 과정이 볼거리로 유명하다. 신선한 해산물을 직접 구입할 수도 있고, 시장 내 식당에서 식사도 가능하다. 마감 시간이 다가오면 가게마다 할인이 시작되므로 저렴하게 장을 볼 수도 있다. 시내버스로 시라하마 역에서 5분, 시내에서 15분 정도 거리이다.(영업시간 8：30~18：30)

1 해안의 바위와 모래 사장으로 이루어진 시라하마 온천지역.
2 시라하마 방파제에서 낚시하는 가족들.
3 료칸의 휴게 공간.
4 시라하마의 여러 대중온천탕 중 하나인 조세(長生) 온천 입구.
5, 6 시라하마 상점가 안내판과 가정집처럼 보이는 식당.

유카타 입고 게타 신고 온천

溫　泉　旅　行　樂

온천 마을의 정취를 느낀다

유카타 입고, 게타 신고 느리게 느리게

바닥돌이 예쁜 코우노유 노천탕. 마을의 외탕 7곳 중 가장 인상적이었다.

효고현
기노사키 온천

미
키
야

료
칸

유유자적 천변을 거닐며 온천 순례
기노사키 온천

기노사키역을 나서려는데 젊은 아가씨가 숙소가 필요한지 묻고는, 예약한 숙소가 있으면 짐을 료칸으로 옮겨주겠다고 한다. 당황했지만, 료칸조합 사무소의 숙소 안내와 예약을 담당하는 직원이라는 것을 알고 마음이 놓인다. 짐과 카메라에 우산까지 들어야 했던 손이 홀가분해졌다.

비를 맞으며 느긋하게 오가와(小川)를 따라 걷는 기분이 상쾌하다. 폭이 10미터 남짓한 그리 크지 않은 오가와를 중심으로 양쪽에 버드나무와 나지막한 검은 목조건물의 어울림이 도시 생활자의 마음을 편안하게 만든다.

온천 마을 여행의 즐거움, 7곳의 외탕 온천 순례

기노사키는 외탕(外湯) 중심의 온천 마을이다. 각 료칸마다 독특한 온천탕을 갖추고 있는 온천 마을이 있는 반면, 기노사키는 대중탕이 다양해서 어느 온천 마을보다 여유롭게 온천 순례를 하기에 최적이다. 특히 료칸 숙박객에게 기노사키의 대중 온천탕 중 7곳을 무료로 이용할 수 있는 온천 이용권 제도가 있어 더욱 좋다.

오카미에게 받은 명함 반 만한 온천이용권을 목에 걸고 1,400년 전의 전설이 내려오는 코우노유(鴻の湯)로 향했다. 다리를 다친 황새가 온천욕을 하고 나았다는 전설이 전해지는 이곳에서 기노사키 온천이 시작되었다. 칼슘과 염화나트륨이 포함된 맑은 온천수는 섭씨 50~62도로 바닷가에 인접한 탓인지 약간 짠맛이 난다. 몸을 담그는 순간 피부가 매끈매끈해지는 것이 알칼리성인 듯하다. 남녀 내탕과 노천탕으로 되어 있고, 큰 바위가 주변을 감싸고 있는 노천탕은 인상적이다.

코우노유에서 200미터 떨어진 만다라유(まんだら湯)에는 스님이 병자를 치료했다는 이야기가 전해진다. 그런데 온천이용권이 보이지 않는다. 잃어 버린 것 같아 돈을 내고 욕장으로 들어가려는데, 남색의 온천가방을 본 직원이 미키야에 묵느냐고 묻는다. 그렇다고 답하고 만다라유에 들어갔다. 규모는 작지만 온천수의 색이나 온도, 염화나트륨이 포함된 알칼리성분 등은 코우노유와 비슷했다. 내탕의 유리문 너머로 보이는 노천탕은 두 명이 들어가면 꼭 맞을 정도로 작지만 노송나무(히노키)로 만들어져 아늑하다. 온천을 마치고

나오자 직원이 입장료와 온천이용권을 건넨다. 료칸마다 손님에게 온천가방과 타올을 제공하는데, 남색 가방을 본 직원이 미키야의 숙박객이라는 것을 확인하고 료칸에 전화해 손님이 이용권을 잃어버린 것 같다고 말해주었다. 그리고 미키야의 오카미가 직접 온천 이용권을 만다라유에 가져다준 것이다. 대단하진 않지만 이런 섬세한 서비스에 마음이 움직이게 된다. 그래서 일본의 전통 료칸을 찾는지도 모르겠다.

다음 날은 고쇼노유(御所の湯)를 찾았다. 황족이 찾은 이후 전국적인 명성을 얻게 되었다는 이곳은 기노사키 온천 중 최고였다. 반 동굴 형태인 노천탕 이치노유(一の湯), 중국 서호에서 가져왔다는 버드나무를 온천 앞에 옮겨 심어 놓은 야나기유(柳湯), 큰 규모의 지죠유(地蔵湯), 기노사키역 바로 옆에 있는 사토노유(さとの湯)까지 둘러본 기노사키의 온천들은 저마다 전설과 이야기가 있는, 좋은 온천탕이었다.

유카타 입고 버드나무 강변을 산책하는 즐거움

저녁을 먹고 다시 오가와로 나갔다. 기노사키에서 머무는 동안 가장 많은 시간을 보낸 곳이 오가와이다. 소설가 시가 나오야가 서른 살 때 전차에 부딪혀 다친 후 휴양을 위해 기노사키를 찾았을 때도 늘 오가와 주변을 산책하였다. 전통 민가의 작은 료칸 20여 곳과 음식점과 상점들이 어울려있는 오가와 주변은, 가게의 물건들도 하나같이 작고 앙증맞다. 하천변에 가지를 늘어뜨린 버드나무는 바람에 춤을 추듯 흔들려 온천 마을의 풍취를 더해준다. 사진에서 본 100년 전 풍경에서 4~5층짜리 시멘트 건물이 몇 개 들어선 걸 제외하면 놀라울 만큼 그대로이다. 오후가 되면 유카타를 입은 사람들이 삼삼오오 몰려나오고, 거리는 활기가 돈다. 천변을 걸으며 외탕을 순례하고, 여러 음식점과 예쁜 가게들을 오가며 느릿느릿 온천가를 산책하는 사이 기노사키의 저녁이 깊어간다. 기노사키는 예술가들이 특히 좋아하였다. 일본 근대 소설가로 《파계》를 쓴 시마자키 도손(島崎藤村), 사카이 출신의 여류시인 요사노 아키코(与謝野晶子)를 비롯해 화가들도 기노사키를 화폭에 남겼다. 마을에는 이들의 발자취를 따라 산책하는 코스도 여럿 있다.

(가는 길)   항공 : 인천 – 간사이 공항, 2시간 소요
기차 : 간사이공항역 – 신오사카역 1시간 10분. 신오사카역(고우노토리 특급) –
기노사키역(2시간 40분).

(온천)   각 료칸마다 독특한 온천탕이 있으며, 공동으로 운영하는 7곳의 외탕이 있다.
숙박객은 무료로 7곳의 외탕을 이용할 수 있으며, 당일 방문객은 각 온천마다
800~900엔을 지불하고 이용할 수 있다.
*기노사키 소토유메구리 (유메파) : 24시간 동안 온천 7곳을 즐길 수 있는 티켓.
성인 1,500엔, 어린이 750엔. 각 온천에서 구입 가능.

300년 전통을 자랑하는 미키야 료칸의 오카미 가타오카 씨.

기노사키 온천을 가로지르는 오가와 강변의 버드나무가 낭만적인 정취를 자아낸다.

三木屋

미키야 료칸

주소 : 효고현 도요오카시 기노사키초

홈페이지 : http://www.kinosaki-mikiya.jp

연락처 : 0796 32 2031

객실 형태 : 화실

객실 요금 : 1박 2식(조·석식) 기준 1인 20,000~40,000엔

온천탕 : 남녀 내탕

체크인, 아웃 : 14:00, 10:00

당일 온천 : 600~1000엔, 가족탕 3,000엔

찾아가기 : 기노사키역에서 도보 15분. 송영 버스 운행

시가 나오야(志賀直哉)의 단편《기노사키에서(城の崎にて)》의 주요 무대이자, 작가가 머물렀던 료칸을 찾아가는데 묘한 흥분이 일었다. 입구에는 '시가 나오야가 숙박한 미키야(志賀直哉の宿 三木屋)'라고 써놓은 간판이 보인다. 미키야는 310년 역사에 10대째 내려오는 유서 깊은 료칸이다. 일본 전국시대 미키성과 성주가 패망하자, 병사들이 기노사키로 이주한 다음 미키성을 잊지 못하고 '미키야'라는 이름으로 료칸 영업을 한 것이 시작이라고 한다. 쇼와 초기 목조 건물인 본관의 현관에 들어서자 오카미가 무릎을 꿇은 채 미소로 맞아주었다.

오랜 전통을 지닌 료칸의 오카미 치고는 젊고 기모노도 입지 않은 모습에 조금 놀랐다. 오카미(女将)는 료칸의 여주인으로, 료칸의 서비스 수준을 대표한다고 할 수 있다. 미키야의 오카미인 리사 가타오카(里砂片岡) 씨는 젊은 여주인이다.

그녀는 특별실 2개 중 한 곳인 시가 나오야가 머물렀던 방을 내주었다. 작가가 앉았던 의자에 앉으니 내게도 잔잔한 전율이 전해진다. 작가와 예술가들의 흔적이 남아있는 곳을 여행하다보면 늘 이런 비슷한 기분에 사로잡히곤 한다. 객실에서는 료칸의 정원이 한눈에 들어온다. 매일 정원을 바라보며 작은 생물들에 관심을 두고 무수한 생각에 빠졌을 작가를 떠올려 보았다. 료칸의 1층 로비 한쪽에는 작가의 대표작인《암야행로(暗夜行路)》와《기노사키에서(城の崎にて)》오리지널 원고 몇 장과 책들이 유리 전시관에 보관되어 있다.

시가 나오야(1883~1971)는 도쿄대학교 국문과를 중퇴하고, 1910

년 문학동인지 《시라카바(白樺)》를 창간하며 소설가가 되었다. 다이쇼 (1912~1926) 시대를 대표하는 소설가로, 1917년 《기노사키에서 (城の崎 にて)》를 발표하였다. 소설은, 주인공이 전차에 치어 부상을 입고 요양차 기노사키 온천으로 떠나는 것으로 시작된다. 그는 료칸 이층에 머물며 지붕 위에 있는 벌집에 매일같이 벌들이 드나드는 것을 바라본다. 어느날, 온천 마을을 흐르는 강가를 따라 산책하다가 큰 쥐 한 마리가 목 부위에 긴 꼬치가 꽂힌 채 필사적으로 강물에서 벗어나려다가 죽어가는 모습을 보면서 삶의 의지와 희망을 담고 있는 작품이다.

미키야의 식사는 매실주를 시작으로 디저트까지 제공되는 카이세키 요리로 총 13가지였다. 어느 것 하나 중복되는 것 없이 다양하게 나오는 음식은 오랜 역사를 자랑하는 전통 료칸의 자랑이기도 하다. 음식들도 신선한 전채부터 사시미, 구이, 찜요리까지 모두 맛있다. 그중에서도 인근 해안에서 잡은 제철음식인 게요리가 특히 훌륭했다.

기노사키는 유서 깊은 미키야 료칸을 비롯하여 정원이 아름다운 유토우야 등 75곳에 달하는 숙박시설이 있으며 대부분 전통 료칸으로 운영되고 있다. 예약이 기본이지만 기노사키역 앞 료칸조합에서 당일 숙박예약도 가능하다. ◆

미키야 료칸의 시가 나오야가 머물렀던 2층 객실. 이곳에서 소설《기노사키에서》를 집필하였다.

（료칸）　　료칸조합 www.kinosaki-web.com(74곳에 달하는 료칸 예약이 가능함)

기노사키 온천과 여행정보 www.kinosaki-spa.gr.jp (한글지원)

유토야 료칸 www.yutouya.com (한글지원)

니시무라야 본관 http://www.nishimuraya.ne.jp/honkan/english

센토 료칸 http://kinosaki-sento.com (한글지원)

쓰키모토야 료칸 www.tukimotoya.com (한글지원)

하쿠잔 료칸 www.oyadohakusan.com (한글지원)

시나노야 료칸 http://sinanoya.net (한글지원)

도키와 백칸 www.kinosaki.co.jp (한글지원)

신잔 료칸 https://shinzan-kinosaki.jp/

료쿠후카쿠 https://ryokufukaku.com/(한글지원)

기라쿠 http://www.yado-kiraku.com/

1 대중온천탕인 고쇼노유 온천 휴게실의 장식 가리개.
2 미키야 료칸의 카이세키 요리의 일부인 게요리.
3 대중탕 7곳 중 하나인 시토노유 노천탕.
4 시가 나오야의 오리지널 원고와 저술한 서적, 사진 등이 전시되어 있는 미키야 료칸.
5, 6 온천 마을의 정취가 흠뻑 느껴지는 기노사키 거리.
7 미키야 료칸 정원이 내려다 보이는 2층 응접실.
8 료칸마다 독특한 디자인의 게타.

(볼거리)　　기노사키 지역은 산인카이칸 국립공원으로 지정된 아름다운 해안지역이다.
　　　　　　마을에는 문학관을 비롯하여 온천사와 신사 등 볼거리가 즐비하다.
　　　　　　*기노사키 박물관, 문학관, 국립공원을 관람하려면 기노사키 머스트
　　　　　　비짓패스가 효과적이다. 3일 사용권 2,800엔.

(먹을거리)　동해에 인접하여 각종 해산물 요리가 풍부하다. 특히 게요리는 기노사키의
　　　　　　명물이다. 겨울이면 모든 료칸에서 다양한 게요리 코스를 내온다.

여름 운해가 내려앉은 가와라천변의 미사사 온천 마을 풍경.

돗토리현
미사사 온천

🌢
기야 료칸

🌢
오하시 료칸

🌢
사이키 벳칸

마음속에 그리던, 아름다운
미사사 온천

동해를 사이에 두고 우리나라와 마주한 돗토리(鳴取)현은 도쿄나 교토,
오사카와 같은 명소나 화려함은 없다. 청정하고 소박한 이곳이 우리에게 알려진
것은 해안 모래언덕 사구와 '요괴인간 타요마'의 만화가 미즈키 시게루의 작품이
가득한 사카이미나토 정도이다. 그리고 최근에는 이름만큼이나 예쁜 온천 마을
미사사가 조금씩 알려지고 있다.

　　　요나고 공항에서 미사사로 이어지는 풍광을 보노라면 마음이
편안해지고 여유가 느껴진다. 오래된 도로를 따라 상점과 주택, 키 큰 담뱃잎과
농부들, 수업을 마치고 가는 아이들…. 그 평범하지만 정겨운 풍경 끝에
미사사(三朝) 온천 마을이 있다. 가와라 천변을 따라 크고 작은 료칸과 집들이
모인 이 곳은 우리네 시골마을처럼 푸근하다.

　　　봄이면 가랑비에 젖은, 여름이면 긴 띠를 두른 듯한 운해에 덮인 풍경도
예쁘다. 단풍이 드는 가을도 좋고, 노천탕에서 눈보라가 휘날리는 풍경을
바라보며 온천을 즐기는 겨울도 운치 있다. 1995년 당시만 해도 간사이 공항에서
4시간이 걸려 접근성이 좋지 않았지만, 인천과 요나고 직항이 생겨 교통도
편리해졌고, 더구나 2011년 드라마 〈아테나〉에 미사사와 주변 마을이 나오면서
우리에게 더욱 친숙해졌다.

세계 최고의 라듐 온천수
　　　다양한 온천수와 온천 마을의 고유한 분위기를 느끼고 싶다면
미사사는 분명 매력적인 마을이다. 미사사 온천수는 세계 최고의 라듐
함유량을 자랑한다. 라듐 온천수는 소화기 질환과 관절염에 탁월하다고
알려져 있다. 오카야마 대학 의료진의 연구와 실험결과 라듐 함유량이 풍부한
온천수는 체세포를 활성화시켜 위장병에 탁월한 효과를 증명하기도 했다.
프랑스에서도 라듐 온천수의 효능을 인정하는 다수의 논문이 발표되어 치료
목적으로 이곳을 찾는 사람들이 늘고 있다. 또한 염화나트륨, 탄산나트륨, 단순
온천수 등 다양한 여러 온천을 경험할 수 있다.

　　　미사사 온천은 수질이 다양할 뿐만 아니라 수온도 35~45도로
다양하다. 대표적인 가와라 노천탕은 24시간 무료 개방인데, 섭씨 43도를

유지하지만 계절에 따라 35~45도 사이를 오르내린다. 동일한 온천수가 이처럼 큰 온도 차이를 보이는 곳은 일본에서도 찾아보기 힘들다고 한다. 1934년 개장한 가와라 노천탕은 마을을 동서로 잇는 가와라 다리 아래 강변에 위치해 있다. 흔히 혼욕탕이라 하지만, 엄밀히 말하면 남녀가 각각 이용하도록 두 개의 노천탕으로 되어 있고, 가운데에 대나무 가리개가 있어 유심히 살피지 않으면 보이지 않는다. 게다가 남녀의 이용 시간대도 자연스레 구분되어 있다. 낮 동안에는 남자들이, 여자들은 주로 저녁 시간에 찾는다.

예술이 숨 쉬는 아트 갤러리 골목

일본의 여러 마을은 비교적 전통을 잘 보존하고 있지만, 미사사에서는 더욱 다채롭고 이색적인 문화를 경험할 수 있다. 아트 갤러리라 부르는 골목에는 독특한 콘셉트의 갤러리와 공예관 등 문화공간들이 구석구석 숨어있다. 초입의 우노마치 갤러리는 아트 갤러리의 얼굴격이다. 미사사의 전통문화와 회화, 판화, 공예품이 전시되어 있는데, 전라도 지방의 고싸움놀이와 흡사한 '진쇼'라는 놀이를 재현해 놓은 모형이 눈길을 끈다. 마츠리에서 진쇼를 하는데, 이 장면이 드라마 〈아테나〉에도 등장하였다.

20미터쯤 더 가면 각국에서 수집한 미용기구를 전시 해 둔 가지카와 이발소 박물관과 두부를 이용하여 만든 조각품이 전시된 두부 조각갤러리도 흥미롭다. 좁고 길지 않은 골목이지만 이색적인 전시장과 갤러리가 13곳이나 있어 구경하다보면 시간가는 줄 모른다. 마을이 내려다보이는 산마루에도 골프장과 꽃이 바다를 이루는 플라워 파크, 장인들의 숨결을 느끼고 접할 수 있는 공방도 꽤 많다.

정우성이 마시던 음용천, 수애와 만난 장소 등 드라마에 등장한 곳에는 포스터가 걸려있다. 아기자기한 즐거움을 주는 미사사 온천은 청정한 자연과 도시에서는 좀처럼 느낄 수 없는 일본 시골 사람들의 푸근한 정이 있어 누구라도

（가는 길）　좋아할 만한 곳이다.

　　　　항공 : 인천 – 요나고 공항. 에어 서울 주3회 운항.(1시간 30분 소요)
　　　　크루즈 : 동해항 – 요나고 인근 사카이미나토항. DBS크루즈 페리 주1회 왕복
　　　　(13시간 소요)
　　　　버스 : 요나고 공항 – 미사사 온천행(약 1시간 30분 소요)
　　　　오사카에서 직통버스로 약 3시간 20분
　　　　기차 : 공항에서 JR 사카이센 (JR 境線) – 요나고역(米子) 약 31분. JR 특급으로
　　　　환승 – 쿠라요시역(倉吉) 약 36분 소요 – 미사사 온천행 버스(약 20분), 송영
　　　　서비스 이용(사전예약 필수)
（온천）　오사카역 기차 슈퍼 하쿠도–쿠라요시역 3시간

　　　　각 료칸에서 운영하는 온천 외에도 마을에는 대중온천탕과 족탕이 있다.
　　　　가와라 노천탕은 24시간 무료 개방이며, 다른 대중온천탕은 500~1,000엔
　　　　입욕료를 내고 이용할 수 있다.
　　　　온천 정보 : https://misasaonsen.jp (한글지원)
　　　　일본관광청 서울사무소 : www.welcometojapan.or.kr 02 777 8601~2

눈 내리는 겨울 미사사 온천가.

기
야
료　木
칸　屋
　　旅
　　館

주소 : 돗토리현 도하쿠군 미사사쵸 미사사 895
홈페이지 : http://www.misasa.co.jp(한글지원)
연락처 : 0858 43 0521
객실 형태 : 화실(다다미방) 14실, 수용인원 50명
객실 요금 : 1박 2식(조·석식) 1인 기준 22,000엔~
온천탕 : 남녀 내탕 약천탕(원탕), 가족탕
체크인, 아웃 : 15:00, 10:00
부대 서비스 : 온돌방(여성용, 남성용), 직영 찻집 〈다방 기기(きぎ)〉

미사사 온천 료칸 중 전통 온천 료칸의 고유한 문화를 흠뻑 느낄 수 있는 곳으로 기야 료칸(木屋旅館)과 오하시 료칸(大橋旅館)을 먼저 꼽을 수 있다. 110년 역사를 자랑하는 기야 료칸은 미후네 츠모루 씨가 아들 부부와 운영하는데, 150년 된 본관 목조 3층 건물이 멋지다. 메이지·타이쇼·쇼와 시대의 설계가 섞인 독특한 양식이어서 돗토리현 문화재로 지정되었다. 건물 내부는 미로처럼 되어 있고, 메이지·타이쇼·쇼와 시대를 테마로 객실을 꾸며 마치 일본 근대 여행을 하는 기분이 든다.

객실에 욕실과 화장실이 딸려 있지 않아 공동욕탕과 화장실을 이용해야 하지만, 객실 입구에 마련된 차와 음식을 즐길 수 있는 다실과 중간에 자리한 침실, 베란다 공간이 따로 되어 있고, 무엇보다 넓은 객실이 큰 장점이다. 더구나 마을 중앙에 위치해 있어 베란다 쪽에서 가와라 천을 바라보며 느긋한 시간을 보낼 수 있어 더욱 좋다.

세련되고 현대적인 분위기를 좋아하는 이들에게는 기야 료칸이 오래된 건물로 느껴질지도 모르겠다. 하지만 안주인의 정성과 손때가 묻은 고가구와 실내 분위기는 향수를 불러일으키기에, 작은 불편은 전혀 문제되지 않는다. 그리고 료칸 주인은 다양한 분야에 폭넓은 지식을 지니고 있어 일본 문화와 문학에 관심이 있다면 적극 추천하고 싶다.

기야 료칸의 온천수는 가와라천과 연결된 원천이다. 그래서 비가 많이 오는 여름철에는 평소보다 온천의 수심이 올라가고 비가 적은 계절에는 내려간다. 온천탕 한쪽에는 마실 수 있는 온천수가 있는데 섭씨 70도로 소화기 질환과 위장병에 탁월한 효과가 있어, 마을의 명물로 알려져 있다.

마시는 온천수는 병을 고치는 용도로 사용되며, 일반 온천수와 수맥이 다르다. 온돌방이 있다는 것도 독특한데, 미후네 츠모루 씨가 우리나라에서 온돌방을 경험한 후 피로회복에 온돌만한 것이 없다고 여겨 만들었다고 한다. 온천수를 이용하여 연중 일정한 온도가 유지되는 것이 특징이다. ◗

기야 료칸의 주인인 미후네 씨가 이로리를 가운데 두고 손님과 이야기를 나누고 있다.

미사사 온천의 대표적인 대중탕인 강변의 가와라 노천탕.

오
하
시 　大
　　橋
료 　旅
칸 　館

주소 : 돗토리현 도하쿠군 미사사초 미사사 302-1

홈페이지 : http://www.o-hashi.net

연락처 : 0858 43 0211

객실 형태 : 화실(대형 다다미방, 전용 뜰과 전용 노천탕)

객실 요금 : 1박 2식(조·석식) 1인 기준 23,000~35,000엔

온천탕 : 노천탕(산토구산과 강이 바라보이는 전망, 미니 사우나도 있음),
대욕탕(2개의 대형 욕조), 암굴탕(3개의 탕에서 각각 온천이 자연 분출하는
라듐 광천), 대여 내탕과 노천탕

체크인, 아웃 : 15:00, 10:00

찾아가기 : 요나고 공항에서 미사사 온천행 버스로 약 1시간, JR 산인본선
쿠라요시역– 미사사 온천행 버스(약 20분), 미사사 온천 하차. 도보 1분.

마을 초입의 오하시 료칸(大橋旅館)도 약 100년의 역사를 자랑한다. 세월의 무게를 잊은 듯 잘 보존된 건물은 일본 문화재로 등록되어 있다. 본관을 비롯하여 로비, 대형 홀, 서쪽 별관, 건물을 잇는 홍예 다리 등 5곳이 국가등록 유형 문화재로 지정되어, 료칸 전체가 문화적 가치가 높은 아름다운 건물이다.

오하시의 가장 큰 자랑은 반노천탕과 '마츠바가니'라는 대게요리, 그리고 안주인 오카미(女将)다. 낮은 칸막이를 설치하여 아늑한 느낌을 주는 반노천탕은 해가 뜨는 시간부터 해가 질 때까지는 남자들이, 해가 지고난 뒤부터 다음날 일출까지 여성이 이용하도록 되어 있다. 일본 료칸의 경우 남녀 탕을 시간에 따라 바꾸는 경우가 많아 이용 전에 확인하는 것이 필수이다.

요리와 서비스도 훌륭하다. '현대의 명장', '미식아카데미상' 등을 받은 요리장이 매일 인근 사카이미나토 항에서 구한 신선한 생선과 해산물로 만들어내는 요리는 고급 료칸에서 음식이 얼마나 철저하고 정성스럽게 준비되는지 잘 보여준다. 그중에서도 으뜸은 '마츠바가니'라고 불리는 커다란 게요리다. 또한 손님의 부담을 줄이기 위한 최소화된 서비스와 섬세한 배려는 고급 료칸의 참맛을 온몸으로 느끼게 해준다. ◑

사
이
키

벳
칸

齊木別館

주소 : 돗토리현 토하쿠군 미사사초 야마다 70번지

홈페이지 : https://www.ooedoonsen.jp/saikibekkan/onsen

연락처 : 0858 43 0331

객실 형태 : 화실(다다미방), 양실(침대방) 등 3종류 70객실

객실 요금 : 1박 2식(조·석식) 1인 기준 20,000~35,000엔

온천탕 : 노천탕과 대욕장, 사우나, 대여 가능한 노천탕(45분 2,750엔) 등이 있음

체크인, 아웃 : 15:00, 10:00

당일 온천 : 성인 500엔, 어린이 300엔

부대시설 : 바, 주야간 라운지, 가라오케, 탁구대 등

찾아가기 : 신오사카역, 교토역에서 사이키 벳칸까지 고속버스 왕복 3000엔.

투숙객이 홈페이지 통해 예약 때 이용 가능. 쿠라요시역에서 무료 셔틀버스 운행

(15분 소요)

사이키 벳칸(斉木別館)은 1877년 미사사 온천 최초의 료칸으로, 모퉁이를 뜻하는 가도야 료칸으로 문을 열었다. 2대 주인은 사이키 벳칸으로 이름을 바꾸고, 쇼와시대 중반(20세기 중반)에 미사사 최고 건축물이라 불린 수키야즈쿠리(数寄屋造り) 양식의 건물을 지었고 이후에도 본관 사츠키엔(さつき苑)과 료쿠스이엔(緑水苑)을 증축하였다.

객실과 아름다운 정원, 극진한 서비스, 맛깔스러운 음식, 그리고 온천탕까지, 고급 온천 료칸의 진수를 경험하려면 이곳이 최적이다. 그래서 가족과 함께 가는 여행에는 망설임 없이 사이키 벳칸을 찾는다.

가장 먼저 잘 가꿔진 정원이 탄성을 불러일으킨다. 노(일본 전통 음악과 춤을 공연하는 무대) 공연 무대를 중심으로 연못과 정원수들이 아름답게 배치된 정원은 미사사 료칸 중 최고라고 할 수 있다. 정원을 가운데 두고 둘러싸듯 객실이 배치되어 있어 정원을 감상하며 지친 일상을 내려놓을 수 있다. 노의 무대가 설치된 인공 연못을 노천탕으로 소개한 책도 있지만 정원의 일부로 붉은색과 금색 잉어가 유유히 헤엄치는 연못이다. 작은 개울과 호젓한 대나무 숲, 앙증맞은 신사, 그리고 나무 한 그루, 돌 하나까지도 잘 정리해 놓아 인공미를 중시하는 일본 정원문화를 가까이서 느껴볼 수 있다.

소설가 시가 나오야(志賀直哉)는 대표작인 《암야행로(暗夜行路)》를 이곳에서 집필하였는데, 일본의 문학가와 예술가들은 료칸에 머물며 요양을 하거나 작품을 쓴 경우가 많다. 그래서 료칸이 문학의 배경으로도 많이 그려지고 있다.

음식은 료칸을 평가하는 중요한 요소인데, 고급 료칸일수록 그들만의 요리를 온 정성을 다해 내놓는다. 계절 특산물로 만든 제철음식은 기본이고 온갖 진미가 나온다. 이른 새벽 요리장이 직접 식재료를 고르고 식사가 준비되면 오카미가 손님방을 찾아 맛있게 즐기는 방법까지 살뜰하게 챙기는 것도 남다르다. 이곳은 특히 재료 선별부터 음식을 만들고 운반하여 손님의 식탁에 올려놓기까지 거치는 과정이 까다롭기로 유명하다.

저녁식사를 마친 손님들이 방을 옮겨 담소를 나누며 휴식을 취하는 동안 이부자리를 펴놓는다. 이어 오카미가 손님의 방을 찾아 저녁 인사를 하며 하루 서비스를 마친다. 이른 아침, 손님이 잠자리에서 일어난 것을 확인한 직원이 인사와 함께 다도(茶)실로 안내하여 정성껏 내린 차를 내어준다. 차를 마시고 정원을 둘러보는 사이에 이부자리는 말끔하게 정리되어 있고, 잠시 쉬다보면 아침을 내오는데, 이런 일련의 과정이 마치 물이 흐르듯 자연스럽게 이루어진다. 불편을 느끼거나 뭔가 요구해야 할 일은 거의 없다. 사이키 벳칸에 머물다 보면 료칸 서비스의 전형을 보는 듯하다.

료칸에는 남녀가 사용할 수 있는 대형욕장과 노천탕이 있고, 가족이나 친구끼리만 사용할 수 있는 가족탕도 잘 갖추어져 있다. ◗

사이키 벳간의 일본 전통 정원.

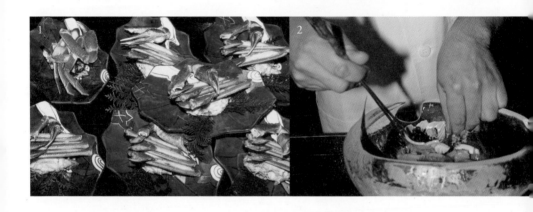

（볼거리） 13곳에 달하는 갤러리와 체험이 가능한 농장 등이 있다. 여름에는 개똥벌레와
청개구리 등을 많이 볼 수 있고, 인근에 일본 최대 규모의 플라워파크인
하나카이랑, 돗토리 사구, 청정한 해안풍경, 아담한 문화도시 쿠라요시 등
볼거리가 많다.

（먹을거리） 내륙인 미사사는 버섯과 야채 등이 유명하다. 인근 사카이미나토항은 일본의
대표적인 어업전진기지여서 신선한 생선도 풍부한데, 대게 요리가 유명하다.
고급 료칸에서 제공하는 대게 코스요리는 대게 회를 비롯하여 찜, 구이 등이
있다.

1,2,4 사이키 벳칸의 가이세키 요리. 대게와 해산물 요리는 특히 신선도에 신경쓰는 등 까다롭게 준비한 요리를 내온다.
3 세계 미용도구들을 모아둔 이용소 주인 가지카와 씨.
5 미사사 온천은 마실 수 있는 음용 온천수로 유명하다.
6 식사 공간과 휴식 공간이 분리된 넓은 객실의 사이키 벳칸.

구로카와 폭포. 깊은 산속에 료칸이 숨은듯이 모여있다.

구마모토현
구로카와 온천

● 산가 료칸

● 이코이 료칸

깊은 계곡 전통 료칸에서의 힐링
구로카와 온천

짧은 역사에도 불구하고 일본인들이 가고 싶어하는 온천마을로 손꼽히는
구로카와(黑川). 조사기간에 따라 차이가 있음을 감안해도 최근 몇 해
동안 구로카와는 선호온천 1~3위권을 유지한다. 일본의 온천을 꽤 많이
둘러보았다고 자부했던 나로서는 아소산 자락의 구로카와는 꼭 가봐야 할
곳이었다. 여행사진가로 지구촌 구석구석을 다니면서 얻은 경험에 의하면 여러
사람들이 이구동성으로 좋다는 곳은 분명 그곳만의 매력이 있다는 것이다.
후쿠오카를 벗어나 구마모토현에서 구로카와로 가는 길은 자동차 두 대가
겨우 다닐 정도로 좁은 도로가 깊은 산속으로 이어져 있다. 하늘을 향해 뻗은
삼나무와 편백나무로 둘러싸인 작은 마을 몇 곳을 지나자 만가지 온천, 쓰지노
온천, 시라가와 온천마을이 하나 둘 나타났다. 그리고 구로카와 온천 안내판이
나타났다.

깊은 산 속 계곡에 숨어있듯 콕 박힌 온천향

구로카와 온천은 1950년대부터 영업을 하던 료칸도 있지만 본격적인
온천마을로 탄생한 것은 1980년대 중반이다. 겨우 40여 년 된 이곳이
일본인들이 가고 싶은 온천이 된 까닭은 뭘까? 이틀 동안 마을에 머물다보니
숲 속 계곡의 편안한 자연과 마을의 정겨운 분위기에 은근히 빠져드는 매력이
있었다. 아담하고 정겨운 분위기가 편안했다. 여러 정취도 좋지만, 무엇보다
사람들 때문에 다시 오고 싶어졌다. 픽업부터 편안한 휴식과 온천을 즐길 수
있도록 배려해준 료칸의 직원들, 함께 버스를 타고 오고 예약한 노시유 료칸까지
태워다 준 인연으로 기꺼이 유카타 차림의 모델이 되어준 키네코와 모토 상,
친절하게 사진 촬영에 협조해준 온천객들까지. 료칸과 마을에서 만난 사람들
때문에 구로카와는 지금까지 둘러본 온천마을 중 다섯 손가락 안에 꼽는 인정
넘치는 곳으로 기억된다.

구로카와 온천의 히트 상품, 뉴우데가타

이곳이 유명 온천으로 거듭날 수 있었던 것은 1984년 도입한
뉴우데가타(入湯手形)라는 독특한 입욕권 제도의 도움도 컸다. 료칸조합이

판매하는 1,200엔짜리 뉴우데가타로 원하는 3곳의 료칸 온천을 이용할 수
있다. 온천 여행의 경우 료칸마다 자랑하는 온천탕이 있지만, 묵는 료칸의
온천탕만 이용하거나, 온천마을의 외탕을 이용하는 경우가 대부분이다. 그런데
구로카와는 뉴우데가타를 도입하여 다양한 료칸의 온천탕을 경험하려는
마니아들을 불러 모았다. 첫해에는 1만 개, 점차 인기가 높아져 2000년 이후에는
매년 10만 개 넘게 팔리고 있다고 한다.

　　　뉴우데가타로 28곳의 료칸 온천탕을 골라갈 수 있어 온천탕
선택의 즐거움이 크다. 오전 9시부터 저녁 9시까지 이용이 가능하며, 온천탕
크기와 분위기는 저마다 다르다. 공통점은 원천수가 섭씨 60~80도로 높고
염화황산염이 포함된, 대부분 마실 수 있는 음용천이라는 것이다. 료칸들은
온천수를 마실 수 있도록 잔을 준비해 놓고 있는데, 고혈압, 동맥경화, 피부병,
신경통, 관절염, 당뇨, 위장병에 효과가 있다고 한다.

　　　산가 료칸 혼욕노천탕과 이코이 료칸 혼욕노천탕 다케노유, 후모토
료칸 여성노천탕, 아나유 혼탕 등이 특히 인기가 있다. 숲으로 둘러싸인 넓은
산가 료칸의 혼욕노천탕은 연한 에메랄드 색상을 띠고 있어 혼욕이라지만 몸이
자연스럽게 감춰져 인기가 높다. 요미우리 신문과 여러 잡지가 선정한 일본
명탕 100선에 꼽힌 이코이 료칸의 혼욕노천탕은 미백효과가 뛰어나 미인탕이라
불린다. 대나무 숲을 감상할 수 있는 후모토 여성노천탕은 분위기가 특히
좋고, 100엔만 지불하면 누구나 이용이 가능한 자연암벽을 그대로 활용한
아나유(穴湯) 혼탕은 옛날 온천 분위기를 느끼기에 그만이다.

（가는 길）　항공 : 인천 – 후쿠오카 공항 매일 10여 편(1시간 10분 소요). 인천 – 구마모토
공항 주 3회(1시간 20분 소요).
버스 : 후쿠오카 공항에서 구로카와까지 고속버스(3~3시간 30분 소요,
3,480엔). 구마모토 공항에서 구로카와까지 고속버스(1시간 50분 소요,
2,200엔).
후쿠오카, 구로카와 온천, 유후인 온천 등을 여행하려면 산큐패스를 이용하는
것이 효과적이다. 2일 무제한 이용권 6,000엔
*버스 예약 필수 www.sankobus.jp (한글지원)

（숙박）　28곳의 료칸은 대부분 6~20개 객실을 갖춘 규모로, 전통 료칸 고유의 분위기를
만끽할 수 있다. 가격은 1인 기준 16,000~45,000엔. 구로카와 료칸조합에서 당일
숙박도 가능하고 예약 서비스도 한다.

（온천）　뉴우데가타(1,500엔)를 구입하여 마음에 드는 온천탕 3곳을 찾아 가는
것이 효과적이다. 숙박하는 온천은 무료이나 가족탕의 경우 40~60분에
1,000~3,000엔을 내고 이용할 수 있다. 뉴우데가타를 더 구입하거나 온천에
입욕료를 내면 더 많은 온천을 즐길 수 있다.

다이쇼 시대 건물을 그대로 옮겨온 이코이 료칸은 전통적 분위기가 잘 남아있다.

산가
료칸

山河旅館

주소 : 구마모토현 아소군 미나미오구니마치 구로카와 온천
홈페이지 : http://www.sanga-ryokan.com
연락처 : 0967 44 0906
객실 형태 : 화실 16실, 수용인원 60명
객실 요금 : 1박 2식(조·석식) 1인 기준 19,000~40,000엔
온천탕 : 혼욕 노천탕, 여성 노천탕, 대욕장(남녀별), 3종의 실내탕, 족탕, 가족탕
체크인, 아웃 : 15:00, 10:00
당일 온천 : 입욕료 700엔, 뉴우데가타 이용 가능

예약한 산가(山河) 료칸은 홈페이지 사진보다 더욱 분위기가 있었다. 계곡이 바로 옆에서 흐르고, 본관, 별관으로 된 건물은 독립된 객실구조여서 느긋하게 쉴 수 있어 좋았다. 짐을 간단히 풀고 료칸 산책을 시작했다. 처마에 매달린 옥수수, 작은 불상, 산촌의 농가에서 볼 수 있는 단도(화덕)가 있는 주방, 철분의 흔적을 간직한 족탕, 오솔길까지 구석구석 잘 가꾸어진 료칸임을 알 수 있었다.

이틀을 산가 료칸에 머물며 조합의 추천을 받아 10곳의 료칸을 둘러보았다. 그 중 가장 머물고 싶은 곳은 이코이(いこい) 료칸, 구로카와소(黑川莊), 후모토(ふきと) 료칸, 그리고 투숙했던 산가 료칸이었다. 마을 서쪽에 위치한 구로카와소는 진정한 휴식과 여가를 만끽하기에 그만이었다. 커다란 바위에 새겨 놓은 간판이며 모양과 크기가 다른 독특한 별채와 본관, 그리고 초입에 있는 아담한 찻집은 낭만과 여유를 만끽하기에 최적이다.

후모토 료칸은 아늑한 분위기의 건물과 세련된 서비스, 더불어 다양한 온천욕을 즐길 수 있다는 것이 장점이다. 푸근함을 주는 건물과 세련된 서비스 그리고 15곳에 달하는 온천탕이 있어 마니아들을 거느리기에 부족함이 없다. 여러 건물로 이루어진 만큼 다양한 분위기를 만끽하려면 본관에서 묵는 것이 좋다. 이코이 료칸은 앙증맞게 꾸며진 진입로, 세월을 짐작케 하는 실내, 아늑한 노천탕까지 아기자기한 분위기이다. 특히 교토의 분위기를 좋아하는 나의 취향 때문인지는 모르겠지만 다이쇼(大正) 시대 주택을 옮겨와 조성해 놓은 전체 분위기는 교토의 어느 료칸에 비교해

이
코
이
　
료
칸

いこい旅館

주소 : 구마모토현 아소군 미나미오구니마치 구로카와 온천
홈페이지 : http://www.ikoi-ryokan.com
연락처 : 0967 44 0552
객실 형태 : 화실, 화실+양실(본관, 별관) 15실
객실 요금 : 1박 2식(조·석식) 1인 기준 21,500~23,500엔
온천탕 : 혼욕 노천탕, 노천탕, 미인탕, 대여 노천탕, 족탕 등 11개탕
체크인, 아웃 : 15:00, 10:00
당일온천 : 입욕료 600엔, 뉴우데가타 이용 가능

156

도 손색이 없는 정도였다.

　여행지를 결정하는데 주요한 것 중 하나가 음식이다. 특히 일본인들은 여행에서 음식이 차지하는 비중이 더욱 커서 료칸을 평가할 때도 요리를 가장 우선하는 경우가 많다. 그래서 일본의 료칸들은 유명 요리장을 두고 지역의 독특한 음식들을 내놓는다. 구로카와의 경우도 28곳 료칸에서 제공하는 음식은 저마다 독특한데, 공통적으로 말고기를 내놓고 있다. 일본 내에서 말고기로 유명한 구마모토현에 속해 있어 생고기로 나오는 말고기를 먹어볼 수 있다. 말고기는 선입견과 달리 무척 부드러워 입 속에서 녹는 듯했다. ♦

후모토 료칸
홈페이지 : http://www.fumotoryokan.com
연락처 : 0967 44 0918
객실 형태 : 화실 13실, 양실 1실(본관, 별관), 50명 수용
객실 요금 : 1박 2식(조 · 석식) 1인 기준 20,000~2,6000엔
체크인, 아웃 : 15:00, 10:00
온천탕 : 15개탕, 남녀 내탕, 남녀 노천탕, 7개의 대여탕
당일 온천 : 입욕료 600엔, 뉴우데가타 이용 가능

구로카와소
홈페이지 : http://www.kurokawaso.com
연락처 : 0967 44 0211
객실 형태 : 본관 화실 15실, 별관 5개동(화실, 양실)
객실 요금 : 1박 2식(조 · 석식) 1인 기준 26,300~40,000엔
체크인, 아웃 : 15:00, 11:00
온천탕 : 남녀 노천탕 4곳, 남녀 내탕 2개
당일 온천 : 입욕료 600엔, 뉴우데가타 이용 가능

남녀 혼욕탕으로 유명한 산가 료칸의 노천탕. 에메랄드색 온천수로 유명하다.

일본 100대 온천탕으로 선정된 이코이 료칸의 혼욕혼탕.

1 가이세키 요리의 일부.
2 숲 속 아늑한 분위기의 산가 료칸 입구.
3 목욕용품과 온천 관련 책을 파는 가게.
4 산촌의 화로인 란도. 휴게실에 단도를 두어 전통적인 분위기를 물씬 내고 있다.
5 유카타 차림의 온천객.
6 구로카와 최고 히트 상품인 뉴우데가타. 28곳 료칸 온천탕 중 3곳을 자유롭게 이용할 수 있는 입욕권이다.
7 상점가의 깜찍한 간판.
8 구로카와 별미인 말고기회.

(숙박)　　　료칸조합에서 숙박정보, 맛집 등 모든 정보를 얻을 수 있다.

구로카와 료칸조합 www.kurokawaonsen.or.jp(한글지원)

(먹을거리)　저녁식사인 가이세키 요리는 반주를 시작으로 생선회, 구이, 탕요리, 그리고
　　　　　　후식으로 이어지는데, 신선한 야채 요리와 구로카와 명물인 말고기가 유명하다.
　　　　　　일반 음식점으로는 각종 두부요리와 후식을 즐길 수 있는
　　　　　　도후 키치요우(とうふ吉祥)와 소바, 말고기 요리 등 다양한 요리를 맛볼
　　　　　　수 있는 사이노사이(彩乃彩)가 대표적이다. 마을 서쪽 농가지역에 자리한
　　　　　　사이노사이에는 12개에 달하는 가족탕이 있고 온천과 식사를 동시에 즐길 수
　　　　　　있어 인기가 높다.

산촌의 정겨움이 물씬 풍기는 노자와 온천의 료칸.

나가노현
노자와 온천

사
카
야

료
칸

노자와 온천

나가노현(長野県)은 사방이 높은 산으로 둘러 싸인 전형적인 산간내륙지방이다.
일본 전역의 3,000미터 넘는 봉우리 20개 중 9곳이 나가노현에 있다. 적설량도
풍부해 겨울 스포츠의 최적지로 1998년에는 동계 올림픽이 열렸다. 청정한 자연
덕분에 오키나와에 이어 두 번째 장수지역이며, 원숭이 온천으로 알려진 시부
온천, 신슈의 서쪽에 자리한 시라호네 온천, 도심에 자리한 아사마 온천, 북쪽
끝에 자리한 노자와 온천(野沢温泉) 등 독특한 온천이 많은 것으로 유명하다.
　　　나가노 역에서 두 칸짜리 꼬마기차 이야마센(飯山線)에 올라,
5분쯤 지나자 웅장한 산 아래에 펼쳐진 작은 마을과 평원이 눈에 들어온다.
청명한 하늘과 산, 수확을 기다리는 황금색 벼들이 눈과 마음까지
풍요롭게 만든다. 토가리노자와온센(戸狩野沢温泉)역에 도착, 노자와행
미니버스에 올랐다. 가파른 언덕길과 작은 마을을 20여 분 달리자 그 끝에
노자와 온천마을이 보인다. 가게들, 정리된 주택과 수로, 손님 맞을 준비를
끝낸 료칸들. 눈에 들어오는 모든 풍경은 특별한 것 없어 보인다. 하지만
나의 마음은 설렌다. 평범한 풍경에서 옛 것을 지키며 사는 사람들의
일상을 가장 잘 볼 수 있기 때문이다. 노자와신사에 오르자 조신에
고원국립공원(上信越高原国立公園)의 가파른 산자락에 위치한 전형적인
산촌의 산과 마을이 한눈에 들어왔다.

다양한 대중온천탕은 모두 무료

　　　노자와에는 오유(大湯), 가미데라유(上寺湯), 신덴노유(新田の湯)
등 모두 13곳의 대중온천탕이 있다. 그리고 모두 무료이다. 공짜 찾기 어려운
일본에서 웬일일까 싶은데, 주민들이 공동탕을 무료로 개방한 것은 오랫동안
외부인은 거의 없고 주민들과 인근 농부들만 찾았기 때문이란다. 요즘에는
여행객이 많이 찾으니 멀리까지 찾아준 고마움의 표시라고 봐야 할 듯하다.
　　　노자와 온천을 상징하는 온천탕은 오유(大湯)이다. 마을 안쪽에
자리한 오유는 전통 온천건축양식으로 지어진 외관이 독특해 애니메이션에
등장하는 온천탕과도 비슷하다. 큰 탕이라는 의미의 오유는 남녀탕으로 분리된
내탕으로, 10~15명이 여유있게 온천을 즐길 수 있을 정도로 넓고 나무를

사용한 실내 분위기도 아늑하다. 오유를 비롯한 온천탕에 공급되는 온천수는 약한 유황성분이 포함되어 류머티즘, 신경통, 위장병, 부인병, 화상에 효과가 있다. 특히 신경통과 류머티즘에 탁월하다고 한다. 30여 곳에서, 원천수가 솟고 있는데, 성분은 비슷하지만 온도는 섭씨 40~100도로 높아 료칸과 대중탕에서는 온도를 낮춰 사용한다.

(가는 길) 항공 : 인천 – 도쿄(나리타 공항), 김포 – 도쿄(하네다 공항), 2시간 10분 소요
기차 : 도쿄역 – JR 이야마역(1시간 50분)에서 노자와 온천행 버스 이용 (25분, 600엔)

(숙박) 나가노현 북부지방에 자리한 노자와 온천은 13개 공동온천탕이 운영되고 있다. 모든 온천은 무료로 개방하고 있으며 이용시간도 자유롭다. 노자와 관광협회 웹사이트 참조. www.nozawakanko.jp 나가노 현 여행정보: http://www.go-nagano.net/ko/(한글지원)

(레저) 11월 말부터 5월 초까지 개장하는 스키장에서 스키, 스노보드 등을 즐길 수 있다.
노자와온천 스키장 http://www.nozawaski.com/(한글지원)

165

주소 : 나가노현 시모타카이군 노자와온천무라 9329
홈페이지 : www.ryokan-sakaya.co.jp
연락처 : 0269 85 3118
객실 형태 : 화실 25실, 화양실 4실
객실 요금 : 1박 2식(조·석식) 1인 기준 19,000~29,000엔
온천탕 : 남녀 대욕장, 남녀 노천탕, 대여탕
체크인, 아웃 : 15:00, 11:00
당일 온천 : 500~1000엔, 가족탕 3,000엔
찾아가기 : 노자와온천 종점 1정거장 전 하차, 도보 3분

노자와 마을에는 료칸 20여 곳과 호텔, 펜션, 롯지, 빌라, 민박 등 다양한 숙박시설이 있다. 온천마을에 이처럼 다양한 숙박시설이 있는 것은 겨울 스포츠와 온천을 동시에 즐기는 여행객이 많기 때문이다. 요금도 다른 곳에 비해 저렴하다.

나가노현 출신으로, 지금은 일본 무역상사 서울지사에서 근무하는 사이토(西都) 씨에게 사카야 료칸(さかや 旅館)을 추천 받았다. 다다미 12조의 넓은 객실과 편백나무를 사용해 크지만 아늑한 온천탕, 아담한 정원과 세련된 서비스까지 어느 것 하나 부족함이 없는 고급 료칸이었다. 하룻밤 묵는 동안 경험한 것이라 조심스럽지만 꼼꼼한 서비스는 분명 고급 료칸으로서 손색이 없었다. 더욱이 사진 촬영에 적극적으로 협조해준 지배인 유키 쇼(結城 昭) 씨의 친절은 오래 기억된다. 료칸 지배인으로 드물게 직접 손님에게 양해를 구하고 온천탕 사진을 찍을 수 있도록 하고, 빈 객실을 둘러볼 수 있도록 배려해 주었다. 그런데 사카야 료칸 대욕탕과 객실을 비롯하여 노자와 공용탕에서 촬영한 많은 사진을 이 책에 싣지 못한 것이 아쉽기만 하다. 노자와 온천에서 어렵게 촬영한 사진 대부분은 다음 날 아리마 온천에서 잃어버린 카메라에 담겨 있었다.

사카야 료칸은 온천탕이 특히 훌륭하다. 전통 온천탕 건축양식으로 지어 천장이 높고, 나무로 실내 전체를 감싸고 있어 은은한 분위기에서 느긋하게 온천을 즐길 수 있었다. 노천탕은 '달맞이 계곡'이라는 이름이 썩 잘 어울리는 안온한 분위기이다.

도소진 마츠리

　노자와 온천마을은 매년 1월 15일에 열리는 노자와 도소진 마츠리(道祖神祭)가 유명하다. 기원은 정확하지 않지만 에도 시대 기록물에 축제에 관한 언급이 있는 것으로 보아 수백 년은 넘었다. 노자와 신사 입구에 20미터 높이로 너도밤나무를 쌓고, 여기에 불을 놓는 축제로 각 가정의 첫아이 출산과 병마로부터 아이를 보호하고, 행복을 기원하는 액막이 불꽃축제이다. 하이라이트는 너도밤나무에 불을 놓으려는 주민과 나무를 지키려는 주민들이 서로 대치하며 벌이는 공방전이다. 이 마츠리는 국가 중요민속 문화재로 지정되어 있다. 9월 8일부터 9일까지 열리는 유자와진자토로 마츠리(湯沢神社灯篭祭り)도 주민들의 건강과 마을의 발전을 기원하는 주술적인 행사로 축제가 열리는 기간에는 많은 사람들이 찾는다.

　1924년 스키장이 개장되기 전까지만 해도 노자와는 오지 중의 오지였다. 그러나 지금은 나가노현뿐 아니라 전국적인 유명 스키장이며 나가노 동계올림픽 당시에는 경기가 열리기도 했다. 300헥타르에 이르는 광활한 대지에 1,060미터에 달하는 표고차를 따라 초보자 코스부터 상급자 코스 등 다양하다. 어느 때나 리프트 이용이 가능하고 원하는 코스를 선택하여 여유롭게 겨울 스포츠를 즐길 수 있어 인기를 모은다. ●

사카야 료칸의 지배인 유키 상. 편안한 미소만큼이나 넉넉한 친절을 보여주었다.

누구나 이용할 수 있는 사카야 료칸의 족탕. 수건까지 준비되어 있다.

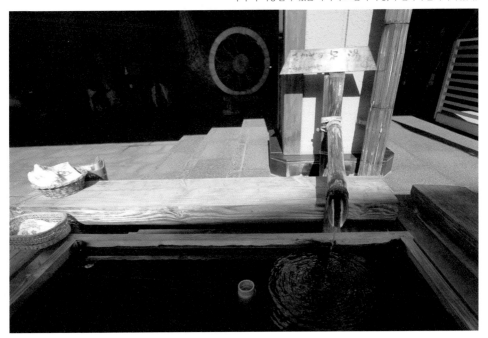

（숙박）　　료칸조합 http://www.nozawa.jp
　　　　　나가지마야 료칸 http://www.nakajimaya.jp
　　　　　마쓰야 료칸 http://www.masuyaryokan.net
　　　　　사카야 료칸 http://www.ryokan-sakaya.co.jp
　　　　　아사히야 료칸 http://www.asahiyaryokan.com
　　　　　가이치야 료칸 http://www.nozawa.tv

1 사카야 료칸 식당 입구의 남녀 조각상.
2 노자와 신사, 소원을 빌며 동전을 던져 놓았다.
3 마을의 무료 족탕.
4 가정집처럼 정겨운 외관의 가와하라유 공동탕.
5,6 마을 구석구석을 꽃으로 꾸며놓은 노자와 온천 풍경.
7 꼬마열차 이야마센이 역에 정차해 있다.
8 스님에 의해 생겨난 노자와 온천에는 마을 곳곳에 불상을 모셔 놓았다.

오감이 즐거운 온천

볼거리와 체험이 있어 더욱 즐거운 온천 마을

오이타현
유후인

별장　곤야쿠안

마키바노이에

세이안

유후인

유후인은 보통 후쿠오카에서 출발하는 유후인노모리를 타고 가는 경우가
많은데, 이번에는 구로카와 온천에서 묵고 큐슈 횡단버스로 이동하였다. 1시간
30분쯤 산길을 돌아가는 버스 노선은 이전에 경험하지 못했던 풍광을 보여준다.
넓은 평지와 멀리 산들 아래 마을이 아름다워 '일본의 티롤'이라고 부른다고 한다.
하지만 주변 산들이 만들어낸 협곡은 비슷할지 몰라도 그림처럼 예쁜 마을은
찾아볼 수 없으니 이는 아무래도 과장인 것 같다. 1998년 겨울 이후 벌써 여섯
번째 유후인(由布院)을 찾았다. 해발 1,584미터의 늠름한 유후다케를 배경으로
한 유후인은 언제 찾아도 아늑하면서도 화사한 느낌이다.

물안개 피어나는 긴린코 온천 호수

료칸에 짐을 풀고 곧장 긴린코(金鱗湖)로 향했다. 호수 바닥에서
올라오는 온천수가 기온차에 의해 피어오르는 물안개로 유명한 긴린코는
석양에 호수의 물고기 비늘이 황금색으로 보인다고 해서 그렇게 불린다.
긴린코를 찾는 시간에 따라 감동의 정도는 크게 달라지는데, 이른 아침이 가장
좋다. 다음 날 새벽, 손전등 불빛에 조금씩 드러나는 황금 들판과 밤하늘을 가득
채운 은하수를 바라보며 걷는 기분이 상쾌하다. 일본에서 만났던 어떤 풍경보다
아름답다. 긴린코 주변은 온천수에서 올라온 수증기로 반쯤 덮여있다. 료칸에서
긴린코까지 2킬로미터를 걸어왔는데 나만큼이나 일찍 온 젊은 부부가 호수를
산책하고 있다. 반가운 마음에 허락을 구하고 사진을 한 컷 찍었다.

긴린코 서쪽에는 대중온천탕인 시탄유(下ん湯)가 있다. 20년 남짓된
온천이지만 고풍스런 외관 때문에 오래된 곳처럼 보인다. 실내탕과 노천탕으로
이루어진 혼욕 온천탕은 오전 10시부터 밤 9시까지 이용할 수 있다. 노천탕은
나무에 가려 긴린코가 보이진 않지만 맑은 온천수에 몸을 담그고 자연을 즐기는
기분이 상쾌하다.

마을 사람들의 힘으로 가꾼, 일본 최고의 온천마을

유후인은 온천보다 농촌에 가까운 곳으로, 여행객이 찾기 시작한 것은
불과 30년 전이다. 지금의 아기자기한 온천마을 유후인은 1975년 큐슈지방의

지진으로 파괴된 마을을 유후인 주민자체회의에서 원래 모습으로 복원하면서 만들어졌다. 마을이 옛 모습으로 복원되자 잊고 지냈던 추억을 느끼려는 도시인들이 찾기 시작하였다. 온천과 휴식을 위해 여행객이 몰리면서 마을의 중심 거리에는 개성있는 공방과 토산품점, 음식점 등이 하나 둘 들어섰다. 유후인역에서 긴린코 호수까지의 약 1킬로미터 정도의 유노츠보(湯の坪街道) 거리는 '여성들이 가장 좋아하는 온천마을'이라는 타이틀을 붙여준 일등 공신이 되었다. 전통 민가와 농가를 개조한 료칸과 음식점도 늘어가면서 지금의 유후인이 되었다.

옛 정취를 고스란히 간직한 거리의 가게를 하나씩 구경하다 보면 늘 시간이 훌쩍 가버리곤 한다. 어느 도시에서나 볼 수 있는 흔한 브랜드나 현대식 쇼핑몰이 아니기 때문이다. 주민자치회가 건물 크기와 높이를 제한하고, 해외 유명 호텔 유입 금지, 유흥업소 금지, 여러 미술관과 작은 갤러리들, 마을을 도는 마차와 전통 인력거꾼을 두는 등의 노력을 하여 전통과 문화가 잘 조화된 예쁜 온천마을로 가꿔갈 수 있었다.

최고 인기 가게인 '토토로의 숲', 나무 공방, 아이스크림 가게, 빵집, 찐빵 가게, 고로케 가게, 길모퉁이마다 자리한 세련된 카페와 레스토랑, 손으로 면을 뽑는 전통 소바집까지 볼거리와 먹을거리가 다양해 구경하다 보면 늘 시간이 훌쩍 가버린다.

추수한 벼를 전통방식으로 건조시키고 있다.

(가는 길) 항공 : 인천 – 후쿠오카 공항(주10회) 1시간 10분, 인천–오이타 공항(주3회) 1시간 소요
버스 : 후쿠오카 국제선 버스 승강장 – 유후인행 고속버스(1시간 40분 소요, 요금 2,880엔). 오이타 공항에서 유후인까지 고속버스로 약 55분 소요
기차 : 국제선 셔틀버스로 국내선 터미널 이동 – 지하철로 후쿠오카역(하카다) – 유후인행 유후인노모리 특급 2시간 8분 소요, 일반 기차 3시간 소요

(온천) 유후인에서는 머무는 숙박시설 외에도 36곳에 달하는 료칸에서 입욕료를 내고 당일 온천을 즐길 수 있다. 료칸에 따라 입욕료는 1인당 500~1,000엔, 가족탕을 이용할 경우 1시간에 1,500~3,000엔 정도이다.

유후인 호테이야. 농가를 료칸으로 개조하여 옛 시골의 정취를 흠뻑 느낄 수 있다.

세
이
안　星
　　庵

주소 : 오이타현 유후인시 유후인마치 가와카미 1170-6
홈페이지 : https://gorinka.jp
연락처 : 0977 85 3008
객실 형태 : 전 4실 중 화실 3실, 화양실 1실. 4개의 별채로 되어 있음
객실 요금 : 1박 2식(조·석식) 1인 기준 15,000~20,000엔
체크인, 아웃 : 15:00, 10:00
온천탕 : 남녀 노천 온천탕, 대여탕
찾아가기 : 유후인역에서 도보 20분, 택시로 3분. 송영 서비스 있음

유후인에는 저렴한 민박부터 펜션, 호텔, 료칸까지 90곳이 넘는 다양한 숙박시설이 있다. 가격도 3,500엔부터 50,000엔대까지 선택의 폭이 매우 넓다. 료칸의 경우 음식과 서비스, 객실, 부대시설 등 다양한 요소를 기준으로 가격을 책정하는 만큼 가격이 높을수록 만족도도 높지만, 가격이 모든 것을 말해주는 것은 아니다. 가격보다 내가 원하는 숙소를 찾는 것이 중요하다.

몇 차례 유후인에 머물렀던 경험으로 볼 때, 아기자기한 공예품 거리와 긴린코 산책 등이 좋다면 유후인역과 상점가에서 가까운 료칸을, 조용하면서도 좀더 편안한 휴식을 원한다면 상점가에서 좀 떨어진 료칸이나 별장이 더 좋다. 객실에서 유후다케의 풍광이 보이는가, 아닌가에 따라서도 선택은 달라진다.

유후인을 대표하는 고급 료칸으로 산소유 무라타(山莊 無量塔), 유후인 다마노유, 료테이 다노쿠라 등이 있다. 산소유 무라타는 료칸뿐 아니라 미술관과 식당, 롤 케이크집 등을 직영하고 있어 차를 마시거나 식사만 하는 것도 가능하다. 고급 료칸들은 손님의 개인적인 휴식을 가장 우선시하여 독립된 별관 형태의 객실이 많다. 또한 객실에 온천탕이 따로 있어 일행과 여유로운 시간을 보낼 수 있다.

묵었던 곳 중에서 세이안(星庵) 료칸은 역에서 좀 떨어진 한적한 숲쪽에 위치해 있고, 객실이 4개뿐이어서 집처럼 아늑한 느낌이 특히 좋았다. 별채에 노천탕이 있어 상점가의 붐비는 분위기보다는 조용하게 쉬고 싶을 때 추천할 만한 곳이다. 별장 곤야쿠안(別荘 今昔庵)도 120년 된 집을 개

別莊 今昔庵

별장 곤야쿠안

홈페이지 : http://www.konjakuan.co.jp

연락처 : 0977 85 3031

팩스 : 0977 84 5256

객실 형태 : 전체 7실 중 화양실 1실, 별관 4채(노천탕 있음)

객실 요금 : 1박 2식(조·석식) 1인기준 15,000~3,000엔

체크인, 아웃 : 16:00, 10:00

온천탕 : 노천탕, 대여 노천탕

찾아가기 : 송영 서비스 있음(예약 확인). 유후인역에서 택시로 7분, 도보 20분

축한 객실 6개의 소규모이지만 운치있는 노천탕이 있는 넓은 객실이 좋았다. 정원이 특히 잘 꾸며진 이치젠 료칸(御宿一禅)도 추천하고 싶다. 이번에 묵었던 마키바노이에(牧場の家)는 목장을 료칸으로 개조한 곳으로, 2천 평에 이르는 넓은 부지 위에 12개의 별채가 늘어서 있고, 다양한 가족탕이 있어 흥미로웠다. 넓은 공간이라 가족 온천여행객에게도 좋다. 특히 두 개의 넓은 노천탕은 피로 회복과 신경통에 효과가 뛰어나고 주민들에게도 인기가 높았다.

유후인은 다른 온천마을에 비해 양실을 갖춘 곳이 많은데, 젊은 여성들이 양실을 선호하기 때문이라고 한다. 그 외에도 료칸들은 당일 온천객을 위한 온천+도시락, 온천+부페, 온천+차와 간식 등의 다양한 프로그램이 있어 당일 온천객도 많이 찾는다.

유후인은 벳푸, 쿠사츠에 이어 많은 온천수량을 자랑한다. 원천수 895곳에서 매일 분출하는 수량은 6,000톤에 이른다. 원천수가 많으면 당연히 수질도 다양하고 효과도 다르기 마련이지만, 섭씨 41~98도에 달하는 온도를 제외하면 색상과 성분은 비슷하다. 일부 밝은 에메랄드 색상의 온천수도 있지만 그 수량이 극히 적고 대부분 맑은 단순 원천수다. 성분도 모두 약알칼리성으로 피로 회복, 근육통, 신경통, 류머티즘, 위장병에 효과가 뛰어나다.

유후인 온천지역은 큐슈 횡단도로를 기준으로 상점지역과 외곽지역으로 구분되는데, 상가지역에는 시탄유 대중탕을 비롯하여 2/3이상의 온천장들이 모여 있고, 개성있는 온천들은 유후다케 아래 서쪽 외곽지역에 몰

牧場の家

마키바노이에

주소 : 오이타현 유후인시 유후인마치가와 2870-1

홈페이지 : https://ryosoumakibanoie.com

연락처 : 0977 84 2138

객실 형태 : 본관, 별관의 전객실 화실. 2개의 방이 이어져 있어 가족, 단체가
이용하기 좋음

객실 요금 : 1박 2식(조·석식) 1인 기준 18,000~25,000엔

체크인, 아웃 : 15:00, 10:00

온천탕 : 2개 대형 노천 온천탕, 7개의 가족 온천탕

당일 온천 : 노천탕 700엔(8:00~20:00), 대여 가족탕 1시간 2,000엔

찾아가기 : 유후인역에서 도보 10분

려있다. 대표적인 곳으로는 섭씨 95도가 넘는 원천수를 자랑하는 유후인 야스하(ゆふいん 泰葉) 료칸의 온천을 꼽을 수 있다. 이곳에서 근무하는 한국인 직원에 따르면, 유후인에서 유일한 에메랄드빛의 온천수로 신경통, 위장병, 피부병, 미백에 좋다고 한다. 🌢

마키바노이에 료칸의 노천탕. 치료효과가 좋아 주민들도 즐겨 찾는다.

오야도 이치젠
주소 : 오이타현 유후인시 유후인마치 가와가미 1209-1
홈페이지 : www.oyado-ichizen.com(한글 서비스)
연락처 : 0977 85 2357
객실 형태 : 본관 5실(전 화실), 별관 8실(화실, 화+양실)
객실 요금 : 1박 2식(조·석식) 1인 기준 30,000~40,000엔
온천탕 : 남녀 노천탕, 대여 가족탕 50분, 1,500엔
당일 온천 : 점심, 저녁 코스, 식사+휴식 등 다양한 프로그램이 있음
찾아가기 : 유후인역에서 차로 5분

산소유 무라타
홈페이지 : www.sansou-murata.com
연락처 : 0977 84 5000
객실 형태 : 전 12실. 화실+양실과 거실, 온천탕을 갖춘 단독별채
객실 요금 : 1박 2식(조·석식) 1인 기준 45,000~65,000엔
체크인, 아웃 : 15:00, 11:00
부대시설 : 미술관, 레스토랑, 아트셀렉숍, 바 등이 있음
찾아가기 : 유후인역에서 차로 10분

유후인 호테이야
홈페이지 : www.hoteiya-yado.jp
연락처 : 0977 84 2900
객실 형태 : 본관 2실, 별관 12실. 화실(다다미방, 다다미방+노천탕 등)
객실 요금 : 1박 2식(조·석식) 기준 1인 30,000~40,000엔
체크인, 아웃 : 15:00, 10:00
온천탕 : 남녀 노천탕, 대여 가족탕
찾아가기 : 유후인역에서 차로 10분. 무료 송영 서비스

유후인 다마노유
홈페이지 : www.tamanoyu.co.jp
연락처 : 0977 84 2158
객실 형태 : 전 17실. 별채와 A,B동으로 구성되어 있고 전 객실에 온천탕
객실 요금 : 1박 2식(조·석식) 1인 기준 50,000~80,000엔

체크인, 아웃 : 14:00, 12:00
온천탕 : 대욕장, 남녀 노천탕

무소엔
주소 : 오이타현 유후인시 유후인조 가와미나미 1243
홈페이지 : https://www.musouen.co.jp
연락처 : 0977 84 2171
입욕료 : 성인 1,000엔

마키바노이에의 넓은 객실.

전통 농가를 개조한 곤야쿠안 실내.

1, 2, 4, 5, 6 유후인에는 작은 공방과 갤러리가 여러 곳 있으며, 사방이 높은 산으로 둘러싸여 등산이나 트래킹도 가능하다. 대표적인 명소로는 1,584미터에 달하는 유후다케가 있다.

3 후쿠오카를 출발해 유후인으로 달리는 특급열차 '유후인노모리' 객차 내부.

7 가이세키 요리의 일부.

8 족욕탕.

(먹을거리) 유후인 료칸에서는 다양한 야채와 인근 항구에서 조달한 싱싱한 해산물을
이용한 가이세키 요리가 나온다. 일부 료칸에서는 말고기 요리가 나오기도
하고, 마을의 음식점에서 메밀 소바와 우동, 이탈리아, 프랑스 요리 등
서양요리도 즐길 수 있다.

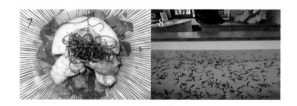

오이타현
나가유 온천

🌢
우에노야 료칸

🌢
다이마루 료칸

_____숲속 동화마을처럼 사랑스런_____
나가유 온천

오이타현은 일본 최대 온천지역이다. 용출량이 최대인 벳푸, 유후인, 히타 등
유명 온천이 즐비한 이곳에 인근 주민까지 합해도 3천 명 안 되는, 나가유 온천이
마니아들 사이에서 잔잔한 화제이다. 동서 7백 미터, 남북 2백 미터로 그야말로
작은 마을이다. 천변을 따라들어선 나지막한 목조 건물들은 우리나라 1970년대
시골 읍내를 연상시킨다. 우리가 잃어버린 정겨운 풍경을 고스란히 간직한
나가유의 첫 인상은 '정겨운 시골마을'이다.

　　　예약한 우에노야 료칸에 짐을 두고 요양문화관 고젠유로 향했다.
3층 건물에 테라스가 있는 고젠유는 대중 온천탕과 휴식 공간을 갖추고 있다.
로비에 있는 온천수를 두 잔쯤 마셔보니 탄산음료와는 좀 다르지만 톡 쏘는
이산화탄소가 느껴진다. 세계적인 탄산천인 나가유의 온천수는 식수로도
인기다. 이산화탄소가 다량 포함된 연한 갈색의 고젠유 온천수는 예로부터
위장병, 당뇨, 고혈압, 통풍, 심장병, 류머티즘, 빈혈 등에 뛰어난 효과를
발휘하는 탕치(湯治) 온천수로 사랑받아 왔다. 고젠유의 노천탕에서는 천변과
숲을 감상하며 온천을 즐길 수 있다.

　　　마을을 동서로 흐르는 세리가와(芹川) 천변에 위치한 '가니 노천탕'은
24시간 개방 무료 혼탕이다. 그런데 하필 바다 게인 '가니'일까 궁금했는데,
위에서 내려다본 노천탕 모양새가 바닷게 몸통과 비슷하게 생겼다. 연한 갈색의
온천수라 혼욕의 부담은 조금 덜 수 있었지만 낮에는 일본인이라 하더라도
쉽지 않을 듯하다. 나가유에 머물면서 열 번 정도 가니탕에서 온천욕을 했는데,
남성들도 저녁이나 이른 새벽시간에 주로 온천욕을 하고, 낮시간에는 족욕을
즐기는 방문객뿐이었다.

소박하고 정겨운 거리와 명소

　　　지금도 치유 효과가 뛰어나 탕치(湯治) 온천으로 명성을 이어가는
나가유는 예로부터 오사라기 지로와 근대문학가 다야마 가타이(田山花袋),
여류 시인이자 소설가이고 여성운동가인 요사노 아키코(与謝野晶子) 등 많은
문인들이 찾았다. 이들이 머문 료칸과 찻집, 산책한 거리 등을 '가인의 길'로
만들었다. 일본 문학에 관심있다면 흔적을 따라 가보는 것도 재미있다.

마을의 서쪽 끝에는 그리스 신전을 연상시키는 음수대가 있고, 그 옆에 앙증맞은 인형을 만들고 판매하는 가지가(かじか) 공방이 있다. 부부와 두 딸이 2~3평의 작은 공방에서 종이, 나무, 흙을 이용하여 각종 인형과 생활용품을 만드는데 예쁜 고양이가 많았다. 아담한 대여용 온천탕도 함께 운영하고 있어 한적하게 온천욕을 즐기기에는 그만이었다.

마을 동쪽을 둘러싸고 있는 다케노야마(高野山) 중턱 마루야마(丸山) 공원에 오르면 웅장한 산으로 둘러싸인 나가유 마을이 한눈에 들어온다. 편백나무 사이 숲길을 10여 미터 더 오르면 깊은 바위틈에 모셔진 불상, 수십 개씩 무리지은 불상 등 모두 88곳에 불상이 안치되어 있다. 공원에서 불상군이 있는 숲길은 혼자만의 조용한 산책을 즐기기에 더 없이 좋은 코스이다.

마루야마 공원에 오르면 1천미터급 산으로 둘러싸인 나가유 풍경이 한눈에 들어온다.

(가는 길)	항공 : 인천 – 오이타 공항 주2회 (금, 일요일) 1시간 10분

(가는 길)   항공 : 인천 – 오이타 공항 주2회 (금, 일요일) 1시간 10분
인천 – 후쿠오카 공항. 매일 운행
버스 : ① 오이타 공항 – 오이타역(약 1시간 소요), 오이타역 앞 버스터미널 –
나가유(1시간 45분 소요).
② 후쿠오카 공항 – 오이타 토키하백화점 앞(고속버스, 2시간 11분) – 나가유
온천(1시간 47분 소요)
기차 : 오이타 역 – 분고다케다(1시간 3분~1시간 30분)역, 나가유 행 버스로
35~55분 소요, 요금은 경유지에 따라 590~780엔
택시 : 유후인 – 나가유(45~50분). 요금 9,000~10,000엔, 구로카와 –
나가유(60~65분), 요금 11,000~12,000엔

(숙박)   20곳의 료칸과 작은 민박이 서너 곳 있다. 대부분 객실 5~20개 이내의
중소규모이며, 1인 기준 5,000~30,000엔 정도이다.
나가유 온천숙박정보 http://www.nagayu-onsen.com
토요센소 료칸 : http://housenso.com/
나카무라 료칸 : https://www.mountaintrad.co.jp/~nakamuraya/
게나유 본점 : http://www.tenpuuan.com/
카지카안 료칸 : http://www.kajikaan.com
유키미소 : https://www.yukimiso.com

(온천)   나가유는 탄산이 풍부한 온천수로, 무료로 이용 가능한 가니 노천탕부터
요양문화관 고젠유 등이 있고, 모두 22곳에 달하는 온천과 료칸에서 단돈
100엔으로 즐길 수 있는 3곳을 비롯하여 대부분 500엔 미만이다.
요양문화관 고젠유 : http://www.gozenyu.com
라무네 온천 : http://www.lamune-onsen.co.jp

예쁜 고양이를 만드는 가지가 공방 주인장의 귀여운 두 딸.

우에노야 료칸 上野屋

주소 : 오이타현 다케다시 나오이리마치 나가유 7961
홈페이지 : http://www.uenoya.info
연락처 : 0974 75 3355
객실 형태 : 11실
객실 요금 : 1박 2식(조·석식) 1인 기준 10,000~12,000엔
체크인, 아웃 : 15:00, 10:00

우에노야(上野屋) 료칸에 도착한 것은 겨우 오전 10시 10분. 체크인 시간 까지는 무려 4시간 50분이 남았다. 짐을 맡기고 마을을 둘러볼 생각으로 입구에 들어서자 70대 초중반의 이노우에 나카이(中居) 씨가 잰걸음으로 나왔다. 한국에서 온 '이(李)상'이냐고 묻고, 이어 따라 나온 후루소우 히 토미(古荘 妃都美) 오카미가 지금 체크인을 해 주겠다고 한다. 체크인 아 웃 시간을 비교적 준수하는 료칸에서 기대하지 않았던 서비스에 새삼 나 가유에 참 잘 왔다는 생각이 들었다.

대중온천탕인 고젠유에서 2백여 미터쯤 가면 다이마루(大丸) 료칸이 나온다. 1917년 창업하여 나가유에서 가장 오랜 료칸으로, 요사노 아키코 등 문인들이 묵었던 곳이다. 1인 숙박이 불가하여 묵지는 못하고 둘러보기 만 했는데, 객실은 본관과 별채로 되어 있고 온천탕과 정원 등 전통 료칸 의 풍정이 잘 살아있었다. 2005년 본관에서 5분 거리에 개관한 라무네(ラ ムネ, Lamune) 온천은 다이마루 료칸의 외탕(外湯)이다. 나가유 온천의 상징이 되어버린 이 온천은 숲 속 동화마을처럼 뾰족 지붕에 독특한 소나 무 장식 건물로 사랑스러운 느낌이었다.

레모네이드(lemonade)의 일본식 이름인 라무네는,《패전일기》의 작가 오사라기 지로(大仏 次郎)가 1934년 이곳을 찾아 온천욕을 하던 중 피부 에 기포가 생기는 것을 보고 '라무네'라 부른 것에서 유래하였다. 나가유 온천은 일본 제1의 탄산천으로, 기포가 생길 만큼 탄산 농도가 세계적 수 준이다. 외관도 검게 태운 목재로 지은 뾰족한 지붕과 창문, 나무와 건물 이 어우러져 시골 마을과도 잘 어울리면서 세련되고 심플한 느낌을 준다.

다이마루 료칸 大丸

료칸 홈페이지 : http://www.daimaruhello-net.co.jp
연락처 : 0974 75 2002
객실 형태 : 전체 15실 중 화실 12실, 화양실 2실, 양실 1실
객실 요금 : 1박 2식(조·석식) 1인 기준 15,000~26,000엔
온천탕 : 남녀 노천탕 각 2개, 남녀 실내탕 각 2개. 대여 가족탕, 숙박객에 한해
라무네 온천장 아침(6:00~7:00) 온천 가능
체크인, 아웃 : 15:00, 10:00
당일 온천 : 라무네 온천 500엔, 가족탕 2,000엔 . 오전 10시 ~ 오후 10시. 매월
첫째 수요일 휴무
온천 홈페이지 : https://lamune-onsen.co.jp/

온천장 건물은 도쿄대학교 건축과 후지모리 테루노부(藤森照信) 교수가 설계했는데, 젊은층에게 가장 사랑 받는 온천으로 뽑히기도 했다고 한다.

라무네 온천은 남녀 실내탕과 노천탕, 세 개의 가족탕이 있으며 아담한 미술관과 정원도 있다. 독특한 외관만큼이나 실내 공간도 흥미로운데, 실내탕은 5~8명 정도가 이용할 수 있는 작은 탕이 3개씩 있고, 노천탕은 10여 명 정도가 온천욕을 즐길 수 있는 규모다. 검은 목재와 흰벽의 대비가 강렬한 탈의실도 이색적이지만 탕으로 들어가는 출입문이 낮아 고개를 숙이고 들어가도록 만든 것도 재미있다.

탄산수가 다량으로 포함된 온천수는 온도에 따라 색상은 다른데, 섭씨 42도를 유지하는 탁한 온천수는 실내탕 온수로 사용하고, 32도의 맑은 온천수는 노천탕 온수로 사용한다. 두 온천수에 몸을 담근 느낌은 조금 밋밋하다고 할까. 그러나 파란 하늘과 대조를 이룬 검고 독특한 건물을 감상하며 즐기는 노천욕은 무엇보다 눈이 행복한 시간이었다.

나가유에는 라무네와 가니 노천탕 외에도 100~500엔을 내면 이용할 수 있는 대중온천탕이 21곳이나 있다. 취향에 맞는 곳을 찾아 온천탕을 순례할 수 있다는 것도 나가유를 찾는 큰 이유일 것이다.

'ㄴ'자 모양으로 생긴 미술관은 시즌에 따라 다양한 주제로 작품을 전시한다. 한적한 시골에 유명 건축가의 세련되고 독특한 건물, 실내에서도 다양한 온천을 즐길 수 있도록 만든 여러 탕과 미술관까지 갖춘 온천장. 오랜 유명 온천 마을이 있지만, 새로운 온천 마을이 각광받고 여행객들을 불러 모으는 것은 이런 세밀한 노력이 있기 때문이다. ♦

1 우에노야 료칸의 넓찍한 객실.
2 마을의 다케노산 중턱에는 수십 개의 불상이 88곳에 안치되어 있다.
3 나가유에서 가장 전통있는 다이마루 료칸 입구.
4 나가유 북쪽 호수. 여름에는 보트놀이를 할 수 있다.
5 라무네 온천의 미술관.
6 세리강이 흐르는 나가유 마을 풍경.
7 관광 안내소.
8 라무네 온천에서 운영하는 세 곳의 가족탕.

(볼거리)　마을 동쪽에 위치한 다케노산에 오르면 나가유 전경이 한눈에 보인다. 또한 88곳에 달하는 불상유적지가 흩어져 있고, 마을 북쪽에는 호수가 있다.

가고시마현
이부스키 온천

🌢

하
쿠
스
이
칸　료
칸

검은 해변에서 모래찜질 온천
이부스키 온천

동지나해로 펼쳐진 청정한 바다와 사츠마의 후지산이란 애칭을 지닌 카이몬악,
넓은 이케다 호수…. 그리고 이 모든 것보다 이부스키의 가장 큰 자랑은
모래찜질 온천이다. 일본에서는 스나무시(砂むし) 라고 부르는, 일종의
사욕(砂浴)이다. 온천지대의 해변에서 온천열로 뜨거워진 모래를 온몸에 덮는
한증요법으로, 이부스키 지역은 화산의 영향으로 모래가 검은 것이 특징이다.
이부스키의 여러 료칸이나 호텔들은 대부분 모래찜질을 할 수 있는 시설을
갖추고 있다. 하쿠스이칸처럼 고급 온천료칸은 자외선 차단용 파라솔을
설치하는 등 개인에 따른 맞춤 서비스를 해준다는 것이 조금 다르다.
　　료칸에서는 모래찜질용 유카타를 내 주는데, 정해진 위치의
모래구덩이에 들어가 누워있으면 직원이 목 위만 내놓고 전신을 모래로 잘
덮어준다. 처음에는 따뜻한 정도지만 점차 뜨거워지면서 땀이 흘러내리게 된다.
당일 온천의 경우 온천욕장과 모래찜질 전용 해변을 갖춘 사라쿠(砂楽)를
이용할 수 있다.
　　이부스키에는 모래찜질 외에도 골프장에 마련된 독특한 온천이 있다.
라운딩을 마친 후 따뜻한 온천수에 몸을 담그고 피로를 풀 수 있어 일본에서도
좀처럼 찾아볼 수 없는 이색적인 온천에 꼽힌다. 이와사키(Iwasaki) 그룹에서
운영하는 이부스키 이와사키 골프장 온천이 대표적이다. 스코틀랜드와 유럽,
미국, 오스트레일리아의 유명 골프장을 여러 곳 둘러보았고 촬영도 하였지만
클럽하우스에 온천을 조성해 놓은 곳은 이와사키 골프클럽 외에는 보지 못했다.
골프장 온천은 여느 고급 료칸이나 호텔에 버금가는 다양한 온천탕을 갖추고
있다. 지상 8층 높이에 위치한 노천탕에서는 그린과 플레이하는 골퍼를 내려
볼 수 있고, 40~50명이 온천욕을 즐길 수 있는 실내욕장에서도 그린을 감상할
수 있다. 단순 온천수로 탕치 효과는 없지만 라운딩으로 축적된 피로를 푸는데
그만이다. 온천을 즐기는 골프 마니아라면 분명 특별하고 이색적인 경험이 될
것이다.
　　에도막부의 마지막 쇼군의 부인 이야기를 그린 NHK 사극
〈아츠히메〉의 무대이기도 한 가고시마는 일본을 제국주의로 이끈 이들과
연관이 깊다. 메이지 유신을 이끈 가고시마 출신 사이고 다카모리(西鄕隆盛)의

정한론 때문에 우리가 겪은 고초가 얼마나 컸나. 2차 세계대전 당시
신풍(神風)이란 가미가제 특공대의 출격지이자 거점이었고, 더 멀게는 임진왜란
당시 많은 도공과 장인, 그리고 청년과 젊은 아낙들이 끌려갔던 곳이기도
하다. 가고시마현에는 제국주의의 흔적이 도처에 남아 있다. 전범들의 죽음을
위로하는 위령비와 공원이 있고, 제국주의자를 영웅화한 동상과 기념관 때문에
아름다운 풍광의 가고시마와 이부스키가 아직은 불편하다.

(가는 길) 항공 : 인천 – 가고시마 공항, 주3회 직항(1시간 20분 소요)

인천 – 후쿠오카 공항, 매일 운행(50분 소요)

기차 : ① 가고시마 중앙역 – JR 이부스키역(1시간) – 하쿠스이칸 택시 7분
소요 ② 후쿠오카 하카타역, 큐슈 신칸센 – 가고시마 중앙역(1시간 19분) –
이부스키역(1시간) – 하쿠스이칸 택시 7분 소요

버스 : 가고시마 공항에서 이부스키역까지 1시간 40분 소요. 요금 2,800엔.
이부스키역에서 버스와 택시로 하쿠스이칸이나 이와사키 호텔까지는 10분
이내 (셔틀버스 1시간마다 운행)

버스+기차 이용 : 소요시간 1시간 30분~2시간 30분 요금 1,880~4,400엔

(온천) 이부스키 온천지역은 여느 온천과 비슷하지만 일본에서 유일하게 자연 모래를
이용한 찜질욕을 즐길 수 있다. 온천과 모래찜질의 경우 투숙객은 물론 일반인도
요금만 지불하면 누구나 가능하다. 당일 온천을 즐기려면 온천회관인 사라쿠를
이용할 수 있다.

이유는 친구가 식당을 열었기 때문이다. 굴 구이 전문 식당이었고

일본 최고 료칸에 선정된 하쿠이스칸. 다양한 객실과 정원, 바다가 어우러져 보는 눈이 즐겁다.

하쿠스이칸 료칸 白水館

주소 : 가고시마현 이부스키시 히가시가타 12126-12
홈페이지 : http://www.hakusuikan.co.jp
연락처 : 0993 22 3131
객실형태 : 화실, 양실, 화실+양실 등 총 196실
객실 요금 : 1박 2식(조·석식) 기준 1인 24,000~40,000엔
온천탕 : 대욕장, 노천탕, 암반욕장, 모래온천장
부대시설 : 찻집, 연회장, 가라오케, 실외풀
찾아가기 : 가고시마 공항에서 이부스키역까지 직통 버스(시간표 공항
홈페이지에서 확인) / 후쿠오카 하카타역, 큐슈 신칸센(1시간 19분) -
가고시마 중앙역 - 이부스키역(1시간) - 택시로 7분 소요 / 가고시마
중앙역에서 JR 이부스키역(1시간) - 하쿠스이칸까지 7분 소요

일본 사람들은 유난히 100대, 10대, 3대 등 서열 매기는 것을 좋아한다. 일본 전역에 4만 곳이 넘는 료칸도 매년 순위를 정해 발표하고 있다. 세계적인 규모를 자랑하는 여행사 JTB와 여행신문이 공동으로, 방문객을 대상으로 매년 250선의 료칸을 발표하는데, 이부스키의 하쿠스이칸(白水館)은 최근 수년 동안 1위에 선정되었다.

이부스키의 멋진 해변에 위치한 하쿠스이칸은 1960년대 시모타케하라 히로시(下竹原 弘志) 회장이 설립한 대규모 현대식 료칸이다. 역사는 짧지만 서비스를 제외한, 음식, 온천, 부대시설, 주변풍광 등 모든 부문에서 1위를 차지하여 종합 1위에 올랐다. 서비스나 음식 등은 워낙 주관적이고 순위를 정한다는 것이 사실 무리가 있지만, 많은 이들이 몇 해에 걸쳐 높은 점수를 주었으니 좋은 료칸임에 분명하다. 다만, 최고라는데는 의견이 엇갈릴 수 있다. 나의 경우 두 번 방문에 삼일을 묵었는데, 음식이나 온천 시설, 모래찜질은 최고였지만 서비스는 명성과 다소 거리가 있어 보였다. 고급 료칸의 정중하면서도 편안하고 세심한 서비스와는 분명 차이가 있었다.

2004년 12월 고 노무현 대통령과 고이즈미 준이치로(小泉純一郎) 전 수상이 이곳에서 1박 2일 머물며 한·일 정상회담을 하였고, 고 김대중 대통령, 반기문 유엔사무총장, 김종필 씨 등 한국의 유명인사는 물론이고, 일본 정치, 경제, 연예계의 유명인들도 많이 찾는다.

하쿠스이칸은 무엇보다 시설이 훌륭하다. 이부스키에서도 최고로 전망이 좋은 곳에 5천 평이 넘는 대지와 정원, 숙박시설, 각종 노천탕과 실내탕, 수영장 등이 아름답게 꾸며져 있다. 전통 료칸의 멋을 갖춘 이궁(離宮)을 중심으로 한 4개의 건물은 규모도 크고, 객실 종류도 화실, 양실, 화양실 등 다양하다. 전통 료칸과 달리 화실과 서양식 객실이 혼합되어 있어 젊은층이나 나이 든 분들에게도 인기이다. 객실에는 어김없이 다다미를 깔아 놓았고, 주변 풍광을 감상할 수 있는 발코니 공간이 있다. 그곳에서 잘 가꿔진 소나무 정원과 드넓은 바다를 느긋하게 바라보는 즐거움이 가장 크다.

온천탕의 경우 노천탕과 3개의 실내탕, 모래찜질을 할 수 있는 해변 등이 있다. 노천탕은 정원과 바다를 감상하며 온천욕을 즐길 수 있고, 실내욕탕은 에도시대 온천 풍경을 그린 타일 작품과 조각된 기둥 때문에 여느곳보다 화려한 모습이다. 지붕을 받치고 있는 4개의 기둥은 바닥에서 천장까지 조각되어 지금껏 일본에서 본 탕내 장식 중 가장 섬세하고 화려했다. 화려함만큼이나 규모도 커서 실내·외탕을 합하면 1천여 평에 달한다. 원천수는 60도이나 41~42도로 낮춰 온천탕에 공급하고, 연한 연두색으로 성분은 약알칼리성에 가깝다. 탕치 온천에는 못 미치지만 피부병, 오십견, 피부미용, 부인병, 만성피로에 좋다고 한다.

그러나 하쿠스이칸이 마냥 좋게만 보이지는 않는다. 회장인 시모타케하라 히로시 씨가 제2차 세계대전 당시 전투기 조종사 훈련 교관이라는 이력이 말해주듯 료칸 복도와 벽에는 역대 일본 수상과 무사, 장군의 초상화와 사진이 걸려있다. 지금은 아들이 운영하지만 주요 사안은 직접 챙긴다고 한다. 일상을 잊고 편히 쉬고 싶어 찾아간 곳에 남의 나라를 침략

하고 무수한 사람을 죽음으로 내몬 사람의 초상화와 사진을 걸어 놓았다
는 것이 이해되지 않는다. ♦

모래찜질을 하는 동안 햇빛을 막아주는 일본 전통 양산. 이런 세심한 서비스가 료칸의 특징이다.

1 모래찜질 해변.
2 공동탕에 장식된 에도시대 목욕장면을 그린 타일 작품.
3 다양한 차를 원하는 대로 선택할 수 있다.
4 료칸에 비치된 게타(일본 전통 신발)
5 신선한 재료의 다양한 요리가 하쿠스이칸의 자랑이다.
6 이부스키 지역의 가장 큰 규모의 이와사키 호텔.

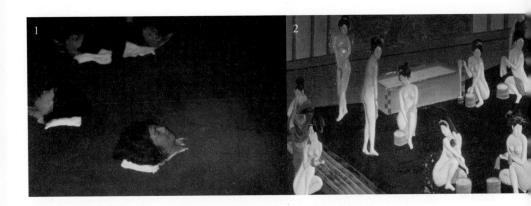

(온천회관 사라쿠) 온천욕장과 모래찜질 전용 해변을 갖추고 있다. 숙박시설은 없지만,
이부스키의 모래찜질을 가볍게 즐기기에 좋다. 3층에는 휴식 공간이 있다.
온천이 지하에서 해안으로 흘러 따뜻해진 모래를 이용해 찜질욕을 하는 전용
해변과 온천장을 갖추고 있다. 숙박시설은 없고, 온천욕만 할 수 있다.
연락처 : 0993-23-3900   팩스 0993-23-4764
영업 시간 : 오전 8시 30분 ~ 오후 9시(12:00~1:00 휴정)
*슈수이엔 홈페이지 : https://www.syusuien.co.jp/ko (한글지원)
이용요금 : 1,130엔

（볼거리）　　이부스키 지역은 아름다운 섬과 조선 도공의 후예들이 운영하는 유명 도자기 공방 등 볼거리가 풍부하다. 하쿠스이칸 료칸과 이와사키 호텔의 경우 자체 전시관과 미술관 등이 마련되어 있다.

（먹을거리）　가고시마 특산인 소고기 요리, 해산물 요리 등 먹을거리가 풍부하다.

세계 유일의 야생 원숭이 온천으로 유명한 시부 온천.

나가노현
시부 온천

● 고락구칸

● 하쿠진야 료칸

217

원숭이와 사람이 함께하는 온천
시부 온천

나가노 시내에서는 원숭이 가족이 온천을 즐기는 포스터나 안내판을 쉽게
볼 수 있다. 나가노의 유다나카(湯田中) 온천지역은 5킬로미터에 이르는
국도변에 9곳의 온천마을이 모여 있는데, 이 가운데 시부 온천(渋温泉)이
있다. 일본에서도 이렇게 온천마을이 집중된 곳은 유일하다. 시부 온천 외에도
유다나카, 신유다나카, 호시가와 등이 있는데, 1350년 전 승려 지유가 처음
발견했다는 기록이 있는 유서 깊은 온천마을이다. 특히 지표 근처에서 원천이
솟아나기 때문에 땅을 파면 더운 물이 나온다고 할 정도로, 나가노현에서도
보기 드물게 풍부한 수량과 수질을 자랑한다.

나가노역에서 유다나카행 전차에 올랐다. 온천하는 원숭이 그림이
장식된 전차가 30여 분 후 멈춘 곳은 유다나카역. 역무원 두 명과 관광안내소
직원 한 명이 전부인 간이역에서 택시를 타니 시부 온천까지 3분 거리이다. 시부
온천마을은 어둠이 내려앉자 젊은 커플과 아이를 동반한 가족, 노부부들이
골목으로 나오고 낮 시간의 한적하던 거리가 활기를 띠고 살아났다.
온천객들이 거리에서 구경을 하고 삼삼오오 찾아가는 곳은 마을 곳곳에 위치한
외탕(外湯)이다. 온천마을에는 숙박객만 이용할 수 있는 료칸의 내탕(內湯)
외에도 누구나 이용할 수 있는 대중온천탕인 외탕이 다양한 것이 특징이다.
시부 온천은 아홉 곳의 대중온천탕을 료칸 숙박객에게 무료로 개방하고 있다.

료칸에서 추천 받은 외탕은 4탕 타케노유, 6탕 메아라이노유, 9탕
시부오유였다. 2박 3일 머무는 동안 아홉 곳의 외탕에서 모두 온천욕을
하였는데, 역시 료칸의 추천대로 시부오유와 나무욕조의 메아라이노유가
아늑하고 편안하였다. 염화수소가 조금 포함된 투명한 온천수로, 온도는 섭씨
60~90도로 꽤 높은데, 당뇨병, 류머티즘, 신경통, 고혈압, 통풍, 화상, 피부병,
위장병, 눈병, 부인병 등에 효과가 있다고 한다. 시부 온천에 머물면서 료칸의
내탕과 마을 외탕 등 13곳에서 온천욕을 하였는데, 어느 온천보다 온천탕이
아담하고 아늑해 편안함을 주는 것은 확실하다.

세계 유일의 온천을 즐기는 원숭이

　　　　다음 날 아침 야생 원숭이 공원으로 향했다. 이곳은 야생 원숭이들이 온천을 즐기는 모습을 볼 수 있는, 원숭이 온천으로 알려진 곳이다. 버스를 타거나 걸어갈 수도 있는데, 걸어서 돌아올 생각으로 갈 때는 버스를 탔다. 마을 정류장에서 불과 5분 후 원숭이 공원 입구에 도착하였다. 한자로 적힌 안내판을 따라 곧장 공원으로 향했다.

　　　　공원 입구부터 원숭이 가족이 보이고, 티켓판매소에서 온천이 있는 3~4백미터 거리에서 1백여 마리가 넘는 원숭이를 만났다. 계곡을 이어놓은 다리를 건너자 온천욕을 즐기는 원숭이들이 보인다. 엄마 원숭이, 매달린 아기 원숭이까지 6~7마리가 느긋하게 온천욕을 즐기고 있다. 시부 온천이 세계에 알려진 것도 원숭이가 온천하는 모습 때문이다. 사실 원숭이가 온천욕을 한다는 것이 좀 웃기다 싶었는데, 막상 만나니 사람과 다를 바 없이 온천하는 모습이 신기하기도 하고, 재미있다.

　　　　바르셀로나에서 온 라키(Raki)는 무려 3시간 동안 열심히 사진을 찍으며 감탄을 멈추지 않는다. 원천수가 솟는 공원 입구로 내려와 함께 고락구칸에서 점심을 먹으며 그녀의 이야기를 들었다. 도쿄에서 원어민 강사로 일하면서 일본을 여행하는데 원숭이 온천이라는 이야기에 끌려 이곳에 오게 되었단다. 사진 모델이 되어 준 고마움의 표시로 커피를 사면서 메일 주소를 주고받았다. 시부마을로 오는 길은 가파르고 좁은 등산로를 택해 걸었다. 계곡의 물소리를 들으며 바람에 흔들리는 야생화와 눈을 맞추며, 그리고 따뜻한 가을 햇살을 받으며. 행복한 시간이다.

（가는 길） 항공 : 인천, 김포 – 하네다, 나리타 공항 / 인천 – 도야마 공항, 인천 – 니가타 공항
기차 : 도쿄역 – 나가노역 전철특급 – 유다나카역(38분 소요) – 시부 온천행
노선버스(10분 소요) / 니가타역 – 나가노역 – 유다나카역 –시부 온천
＊나가노의 쿠로베 알펜루트(黒部アルペンルート)를 함께 보고싶다면 니가타
공항을 이용하는 것이 좋다.
버스 : 도쿄 신주쿠, 이케부쿠로역→나가노역 직행버스 3시간 40분. 버스 종류와
요일에 따라 요금 편도 2,400~5,200엔.
선샤인투어(サンシャインツアー) http://www.sunshinetour.co.jp
나가덴고속버스(長電高速バス) http://www.nagadenbus.co.jp
카와나카지마버스(川中島バス) http://www.alpico.co.jp/

（온천） 시부 온천마을 투숙객은 머무는 숙소 외 9곳의 대중온천탕을 무료로 자유롭게
이용할 수 있다. 당일 온천의 경우 료칸조합에서 티켓(600엔)을 구입할 수 있다.

원숭이 공원 입구, 온천수가 분출하고 있다.

白銀屋

하
쿠
진
야　료
칸

주소 : 나가노현 시모타가이군 야마노우치 시부온천

홈페이지 : www.shirokaneya.com

연락처 : 0269 33 3225

객실 형태 : 화실 8실

객실 요금 : 1박 2식(조·석식) 1인 기준 10,050~11,550엔

체크인, 아웃 : 13:00, 10:00

온천탕 : 남녀 내탕

*유다나카역까지 송영서비스 무료.

하쿠진야(白銀屋) 료칸은 마치 가정집 같은 친근한 모습이었다. 현관에 들어서자 꼬마 신발이 눈에 들어온다. 료칸 주인인 야마모토(山本) 씨의 세 살배기 손자의 것이었다. 2층의 제일 크고 전망 좋은 방이라며 내어준 객실에 짐을 풀었다. 시골 친척집에라도 온 듯 평범하면서도 편안한 분위기이다. 하쿠진야 료칸은 야마모토 씨 부부와 노모, 딸 부부, 손자까지 4대가 함께 생활하며 객실 8개로 료칸 영업을 하고 있었다. 전반적인 운영은 오카미인 야마모토 부인이 맡아서 하고, 외부 일은 야마모토 씨, 객실 안내와 청소는 딸, 그리고 주방은 사위가 담당하는 전형적인 가족 경영이었다.

1층 온천탕은 남녀탕으로 구분되어 있고 작고 소박했다. 온천수에 피로를 풀고 아담한 휴게소에서 커피를 마시며 야마모토 씨와 이야기를 나눴다. 언제부터 료칸을 운영했는지, 성수기와 비수기는 언제인지, 원숭이 공원이며, 시가고원(志賀高原)에 관한 정보까지 귀찮을 법도 한 여러 질문에 차분하면서도 진지하게 대답해 주었다. 고급 료칸의 세련된 서비스는 아니지만 푸근함과 친절을 느낄 수 있어 좋았다.

오카미인 야마모토 부인도 몹시 부지런하다. 새벽 4시, 마을 풍경을 찍기 위해 료칸을 나서는데 "오하요고자이마스" 인사를 건넨다. 지금까지 수십 곳의 료칸에 묵으며 이른 새벽에 일어나곤 했지만, 이토록 이른 새벽부터 일하는 오카미는 보지 못했다. 새삼 료칸은 오카미의 부지런한 움직임에 의해 운영된다는 것을 알 수 있었다.

손전등과 달빛에 의지해 가며 마을 언덕에 올랐다. 푸른 새벽빛 하늘과 산자락들이 마을을 다소곳하게 안고 있다. 언덕 서쪽의 온센지(溫泉寺)에 도착하니 아침 6시, 우리나라 사찰에서는 아침공양을 마치고 하루를 준비하는 시간인데 너무 조용하다. 원숭이 상이 조각된 법당 앞에는 염불소리도 인기척도 들리지 않는다. 마을로 내려오니 이른 아침 온천을 나온 사람들이 보인다. 하쿠진야에 이르자 오카미 상이 또 인사를 건넨다. "굿모닝".

　시부 온천마을에는 9대에 걸쳐 250년 넘게 가업을 이어온 카나구야 료칸이 유명하다. 애니메이션 〈센과 치히로의 행방불명〉의 모티브가 된 곳인데, 1인 숙박이 안 돼 이번에는 묵을 수 없었지만, 다음을 기약해야겠다. 눈이 오는 겨울에 말이다.

가정집처럼 편안한 하쿠진야 료칸의 객실.

고락구칸
원숭이 온천으로 불리는 지고쿠타니 온천계곡 유일의 료칸.
160년 가업을 잇는 젊은 타카후시 상이 잇고 있다.
연락처 : 0269 33 4376

    시부 온천마을은 원숭이들이 온천을 즐기는 지고쿠타니 원숭이온천(地獄谷野猿溫泉)의 길목이자 거점이다. 그리고 고락구칸(後樂館)은 바로 지고쿠타니 온천이 위치한 계곡의 료칸이다. 160년 동안 대를 이어 료칸을 운영하고 있는데, 지금은 아들인 타카후시(竹節) 씨가 꾸려가고 있다. 그는 이 료칸에서 태어나 지금까지 떠나지 않고 있다. 젊은 나이에 산골짜기에서 매일 원숭이와 관광객을 보면서 지내는 일상이 답답할 때도 있지만 가업을 이어가는 보람이 크다고 한다.

    그의 안내로 객실을 둘러보았는데, 시설은 평범하지만 경관만큼은 최고였다. 계곡 바로 옆에 위치한 노천탕에 몸을 담갔다. 편백나무로 가득한 숲과 바로 옆에서 솟아오르는 원천수, 청정한 산과 파란 하늘 그리고 하얀 구름까지. 단돈 500엔에 무릉도원 같은 노천탕을 독점한 후 내탕에 들렀다. 히노키로 꾸민 탕은 규모는 작지만 천장을 높게 하여 한눈에도 잘 지은 온천탕임을 알 수 있었다. 노천탕과 내탕을 두루 보고 다시 타카후시 상과 마주하였다. 눈이 내리는 겨울에 다시 와서 꼭 머물고 싶다는 나의 말에, 그는 특별히 전망이 좋은 방을 비워두겠다고 했다. 고락구칸에 머무는 겨울 여행이 기다려진다. ◗

(숙박) 유다나카 온천지역에는 80여 곳의 료칸과 100여 곳에 달하는 숙박시설이
있다. 시부 온천에 가장 많은 35곳의 료칸이 있다. 1박 2식기준으로 1인 요금은
11,000~25,000엔 수준으로 비교적 저렴하다.

시부온천 료칸조합 http://www.shibuonsen.net

가나구야 http://www.kanaguya.com

고이시야 https://yadoroku.jp/koishiya/

고쿠야 http://www.ichizaemon.com

마루젠 https://maruzen.moo.jp

이치노유 가테이 www.shibu-katei.jp

유모토 https://www.sibu-yumoto.jp

오야도 히시야 토라쿠라 www.torazo.net

카나구야 www.kanaguya.com

비유노야도 료칸 www.yudanakaview.co.jp

이야도숯노유 www.suminoyu.com

시부온천 관광협회 www.ikaho-kankou.com/kr

（볼거리）　하야시 후미코(林芙美子) 기념관, 시가 고엔 낭만미술관, 향토박물관인 호설의
　　　　　　　관, 원숭이 공원, 세계평화관음상 등이 있다.

1 하쿠진야 료칸의 조식.
2 온센지의 귀여운 원숭이 조각상.
3 시부 온천마을의 전경.
4 어둠이 내리면 시부 마을은 외탕 순례객들로 거리가 붐빈다.
5 원숭이 공원의 향토기념관.
6 시부의 주택과 잘 가꿔놓은 꽃밭.
7 하쿠진야 오카미가 직접 만든 잼.
8 하쿠진야의 아담한 내탕.

227

시즈오카현
아타미 온천

나
기
사
칸

료
칸

둥둥 파도소리 들으며 온천욕
아타미 온천

도쿄와 나고야 사이에 위치한 시즈오카현(静岡県)은 후지산(富士山,3,776m)과
3천 미터급 봉우리가 늘어선 아키이시(赤石)산맥과 덴류강(天龍川)과
오이강(大井川), 이즈(伊豆) 반도 등 자연경관이 빼어난 대표적인
관광휴양지다. 매년 수백 만 명이 찾는 시즈오카현은 온천휴양지로도 유명한데,
이즈 반도를 따라 늘어선 온천마을은 규모도 크고 다양하여 어떤 지역보다
온천객이 많이 찾는다. 그 대표가 아타미(熱海) 온천이다.
    인구 4만 명인 아타미에 그 100배가 넘는 여행객들이 찾는데, 도쿄와
오사카를 잇는 교통요충지이자 도쿄, 요코하마, 나고야 같은 대도시가
가까이 있기 때문이다. 접근성도 좋고, 바닷가에 위치한 료칸과 온천탕의
종류도 다양해 여행객들에게 만족도가 높다. 아름다운 해변과 숲속의 전망
좋은 곳곳에 웅장한 숙박시설이 자리를 잡고 있으며, 아타미 온천 외에도
이즈산, 이즈유가와라(伊豆湯河原), 이즈산타가(伊豆多賀), 아지로(綱代),
하쓰시마(初島) 등 독특한 온천마을이 6곳이나 있다.

도쿠가와 이에야스가 사랑한 아타미 온천수

    아타미 온천의 역사는 천년이 넘는다. 8세기 중반 온천탕이 개설된
이후 에도막부의 초대 쇼군(將軍)인 도쿠가와 이에야스는 가족과 함께 이곳
온천을 찾았고, 후에는 온천수를 에도(지금 도쿄)까지 운반해 온천을 즐겼다고
한다. 뒤로는 산, 앞으로는 태평양을 바라보는 아타미는 푸른 바다를 보고,
파도 소리를 들으며 온천을 즐기는 풍광이 가장 멋지다. 요시다 슈이치는
《첫사랑 온천》에서 아타미 온천의 파도소리를 이렇게 묘사하였다. "둥둥, 절벽에
부딪치는 파도 소리가 마치 큰북처럼 울렸다."

바다와 온천

    아타미역에서 이어지는 도로와 계단을 걷다 보면 료칸과 대여
온천 광고판과 수증기가 피어나는 원천수를 만날 수 있다. 아타미에는
가와라유(河原湯), 사지로노유(左治郎湯), 노나카노유(野中湯) 등 7곳에
달하는 원천수가 있다. 하루 용출량은 2만4천톤으로, 최고 수준인 벳푸와

쿠사츠보다는 적지만 상당한 편이다. 수질은 염분이 조금 포함된 투명수로 pH9.6의 알칼리성이다. 수온은 45~98도에 평균 63도로 매우 뜨겁다. 바닷가에 접해있어 소금기가 있는 온천수는 류머티즘, 신경통, 피부병, 부인병, 찰과상, 화상 등에 효능이 뛰어난 것으로 알려져 있다. 특히 신진대사 촉진과 자율신경 조절 능력이 뛰어나다고 한다. 여러 료칸에서 운영하는 온천탕 외에도 개방 온천탕이 127곳이나 된다. 특히 유명한 25곳의 노천탕은, 탁 트인 조망이 뛰어나 료칸 숙박객들도 많이 찾는다.

아타미는 온천만큼 해변이 유명하다. 늦은 봄부터 초가을까지 해수욕을 즐길 수 있어 지중해의 해변을 연상시킨다. 여름이면 인산인해를 이루고, 모래사장에서는 불꽃 축제와 각종 이벤트가 열린다. 토요일과 일요일에는 게이샤들이 춤과 노래를 연습하는 게이기켄반(芸妓見番)을 둘러보는 것도 좋다. 수령 100년 넘은 고목 매화나무 700여 그루가 있는 매화공원 아타미 바이엔(梅園)과 아타미의 유명 조각가 사와다 세이코 기념관(澤田政廣), 각종 보물이 보관된 모아(Moa) 미술관 등 다양한 볼거리가 있다.

(가는 길) 항공 : 인천 – 나리타, 하네다 공항(2시간 10분 소요)
기차 : 하네다, 나리타공항 – 도쿄역 익스프레스(30분 소요), 나리타 공항 – 도쿄역 60~70분 소요, 도쿄역 – 아타미, 신칸센으로 50분 소요.

(온천) 각 료칸의 온천탕은 물론이고, 24곳의 대중 온천탕, 수십 개의 개인용 대여 온천탕 등을 이용할 수 있다. 무료인 족탕도 있지만 모든 온천탕은 유료이다. 료칸과 온천탕에 따라 다르지만 보통 500~2,000엔 정도로 조금 비싸다.
아타미 료칸조합 http://www.atamispa.com(한글지원)

231

나가사칸 료칸의 가장 높은 곳에 위치한 노천탕. 바다 전망과 파도소리를 들으며 온천욕하는 기분이 상쾌하다.

立花
다치바나 료칸

주소 : 시즈오카현 아타미시 쇼와쵸 5-13
홈페이지 : http://www.ryokantachibana.com
연락처 : 0557 81 3564
객실 형태 : 화실18실 양실 1실
객실요금 : 1박 2식 1인기준 19,000 ~ 30,000엔
체크인, 아웃 : 15:00 10:00
온천탕 : 대욕탕, 노천탕, 대여탕, 객실전용탕

아타미에는 70곳이 넘는 숙박시설이 있다. 2001년 한일 정상회담이 열렸던 고급 료칸 아타미 고아라시태(小嵐亭)부터 저렴한 료칸 산케소(三景莊)까지 선택의 폭이 넓다. 아타미로 출발하기 전 여러 료칸을 검색해 보았지만 마땅한 곳을 찾지 못했다. 결국 아타미역 앞의 관광안내소에서 바다가 보이고 온천탕이 멋진 숙소를 부탁했고, 다치바나(立花) 료칸을 추천받았다. 지도를 보니 백사장과 공원이 보이는 위치가 마음에 들어 예약을 했다.

나기사칸은 아타미 해변의 중심부에 있어 1분 거리에 해변, 공원이 있는 탁월한 위치였다. 외관은 평범한 편이고, 고급 전통 료칸의 감동적인 서비스도 찾기 어려웠지만 온천탕에서 바라본 풍광만큼은 최고였다. 료칸 제일 높은 곳에 위치한 히노키 노천탕에 몸을 담그면 바로 앞에 아타미 해안이 펼쳐지고, 요트 전용 항구, 그리고 숲속에 자리한 고급 빌라와 주택까지 눈에 들어온다. 더욱이 끝없이 펼쳐진 해변과 산과 건물이 어우러진 풍광은 산속 온천인 구로카와나 쿠사츠 노천탕에서와는 색다른 기분이었다. 그 외에도 다양한 온천탕이 있어 온천을 즐기기에 더 없이 좋다.

아쉬움이 있다면, 혼자 숙박하는 관계로 나기사칸의 자랑 가이세키 요리 대신 간단한 식사로 대신한 것이다. ♦

(숙박)   아타미는 벳푸와 더불어 일본 최대 규모를 자랑하는 온천지역이다. 시내에는 천 명까지
수용하는 초대형 숙박시설과 아담한 료칸 등 100여 곳에 달하는 다양한 숙박시설이
있다. 료칸의 경우 1박 2식 1인 기준으로 12,000~50,000엔 정도이다.

후루야 http://www.atami-furuya.co.jp

다이칸소 http://www.atami-taikanso.com

야마키 http://www.yamakiryokan.co.jp

후후 http://www.atamifufu.jp

석정 http://sekitei.co.jp/atami

오오가와 http://ohkawa.atami-spa.com

사쿠라야 http://atami-sakuraya.com

쇼키 http://so-ki.jp

산헤이소 http://sanpeiso.jp

호리타 www.horita-spa.com

요케이료칸 www.koarashitei.com

이시노야 www.ishinoya.jp/atami

（볼거리）　아타미성 천수각에 오르면 빼어난 자연경관을 배경으로 온천지역이 형성
되었음을 볼 수 있다. 가까이에 서양인형미술관, 밀랍인형관도 볼만하다.
절벽에 위치한 카페에서 커피를 마시며 아름다운 풍경을 감상하는 것도 빼놓을
수 없는 즐거움이다. 해변과 해안도로 사이에는 아담한 신스이 공원이 있다.
오자키코요(尾崎紅葉)의 연재소설《곤지키야샤(金色夜叉)》의 주인공 동상과
작은 조형물이 세워져 있는데, 이 소설은 우리 신파극《이수일과 심순애》의
원작으로 알려져 있다.

1 료칸의 내탕. 다양한 규모의 탕이 있다.
2 나기사칸 객실.
3 아타미성으로 올라가는 케이블카.
4 아타미성 입구의 조형물. 여러 소원을 담은 에마키가 달려있다.
5. 6 아타미 상점가 거리.

문학과 온천

溫　泉　旅　行　樂

문학의 향취가 있어 더욱 분위기 있는 온천

소설 《설국》의 무대인 에치고유자와의 겨울.

니가타현
에치고유자와 온천

💧

다
카
한
료
칸

소설《설국》의 온천에 빠지다
에치고유자와

니가타현(新潟県) 에치고유자와는 1994년, 처음 여행한 이후로도 일곱
번이나 찾은 까닭에 이제는 눈 감고도 반쯤은 찾아 다닐 정도로 익숙해졌다.
《일본 스토리 여행》에서도 소개한 바 있지만, 에치고유자와를 찾을 때면 늘
기대감으로 가슴이 뛴다. 오랜 지인이 있는 것도, 꼭 봐야만 할 유적지가 있는
것도 아닌데 이처럼 여러 번 찾은 이유는 겨울과 눈을 좋아한다는 것, 그리고
학창시절 읽었던 소설《설국(雪國)》의 여운 때문일 것이다.
  에치고유자와(越後湯澤) 온천은 가와바타 야스나리가 아니었다면
너무도 평범한 산촌에 지나지 않았을 것이다. 그러나 가와바타 야스나리가 걷던
산책로와 온천, 그리고 소설을 집필한 다카한 료칸, 소설 속 주인공 고마코가
모퉁이를 돌아 나올 것 같은 집, 소설 속 서정을 간직한 소소한 풍경이 타국의
여행자인 나마저 오래도록 붙들어 두는 그런 곳이 되었다.

"국경의 긴 터널을 빠져나오자 설국이었다."
  늘 타던 도쿄와 니가타에서 출발하는 죠에츠 신칸센(上越新幹線)
대신 군마현(群馬県)과 니가타현을 잇는 죠에츠센을 탔다. 다카사키(高崎)에서
니가타까지 운행하는 사람 냄새 물씬 풍기는 로컬기차를 선택한 것은 오로지
《설국》의 첫 대목인, "국경의 긴 터널을 빠져나오자 설국이었다."라고 한
시미즈(清水) 터널을 지나기 위해서였다.
  한적하고 평화로운 들판, 터널, 산자락을 반복하던 기차가 어두운 터널
속으로 빨려 들어갔다. 승객도 적어 기차 안에는 긴 침묵이 찾아왔다. 적막감
속에서 직감적으로 시미즈 터널을 지나는구나 싶었다. 얼마 뒤, 터널 앞 작은
표석에는 시미즈 터널이라 쓰여 있다. 여섯 번째 만에 소설의 시작과 같은 터널을
지나 설국에 들어온 것이다. 뭐라 할 수 없는 감동이 손끝까지 전해졌다.
  에치코유자와역은 소설 속 주인공 시마무라(島村)와 요코(棄子)가
만났던 곳이고 게이샤 고마코(駒子)가 시마무라를 배웅하던 곳이다. 역을
나와 고마코 양과자를 파는 과자점과 토산품 가게가 늘어선 거리도, 족탕과
설국관(雪國館)도 예전 그대로다. 1930년대 에치고유자와 풍광을 담은 사진들,
눈이 많은 산촌의 주민들이 볏짚으로 만든 보온용 '삼파쿠'와 볏짚 장화, 각종

생활용품까지 산촌 마을의 생활을 짐작해 볼 수 있는 물건들이 전시되어 있다.

가와바타 야스나리에 관한 자료는 1층에 전시되어 있다. 1937년 출간된 《설국》초판본과 대표작 10여 권, 그의 옷, 안경, 만년필, 문예동인지 '신감각파' 회원들 사진이 걸려 있었는데, 이번에는 고마코 실물 크기의 인형과 의류, 사진, 몇 장의 서예작품으로 교체되어 있었다. 설국관을 뒤로 하고 설국의 무대였던 시와신사(諏訪社)와 사사노마치(笹の道), 야마노뉴(山の湯)를 돌아 가와바타 야스나리가 6개월 동안 머물며 설국을 집필했던 다카한 료칸(高半旅館) 앞에 섰다.

《설국》첫문장에 나오는 국경의 긴터널, 시미즈 터널이다.

（가는 길）　항공 : 인천 – 니가타 공항(2시간 10분 소요). 공항에서 니가타역까지 버스로 40분 소요

기차 : 니카타역 – 에치고유지와역(신칸센 이용 50분 소요)

（온천）　에치고유자와 6곳의 대중온천을 비롯하여 료칸과 호텔, 개인이 운영하는 온천탕이 운영되고 있다.

야마노유 : 영업시간 6:00~20:00, 성인 500엔, 어린이 250엔

고마코유 : 영업시간 10:00~21:00, 성인 500엔, 어린이 250엔

이와노유 : 영업시간 10:00~18:00, 성인 500엔, 어린이 250엔

가도노유 : 영업시간 10:00~21:00 성인 600엔. 어린이 250엔

에치고유자와 온천 정보 http://yuzawaonsen.com

시원스러운 전망의 다카한 료칸의 대욕장.

다카한 료칸의 가와바타 야스나리 자료실

다
카
한
　
료
칸

高半　旅館

주소 : 니가타현 오우누마군 에치고유자와 923
홈페이지 : http://www.takahan.co.jp
연락처 : 025 784 3333
팩스 : 025 784 4047
객실 형태 : 화실 46실
객실 요금 : 1박 2식(조·석식) 1인 기준 16,500~110,000엔
체크인, 아웃 : 15:00, 10:00
온천탕 : 남녀 내탕, 노천탕, 사우나
부대시설 : 카페, 마사지실, 소설《설국》자료실
찾아가기 : 에치고유자와역에서 차로 5분

따사로운 가을 햇살 아래 화사한 들꽃과 바람에 흔들리는 억새풀을 물끄러미 보고 있으니 마음이 편안해진다. 마치 고향의 풍경 같다. 1930년대 가와바타 야스나리는 군국주의 분위기로 뜨겁던 도쿄를 떠나 한적한 산촌인 에치고유자와로 갔다. 전쟁의 분위기를 애써 외면하며 일본적 서정에 빠져들던 그는 다카한 료칸에 머물며 소설《설국》을 써 내려갔다.

지금도 그 자리에서 다카한 료칸은 영업을 계속하고 있다. 다만 건물은 새로 지어, 2층 가와바타의 집필실은 예전 그대로를 옮겨와 전시실로 공개하고 있다.

몇해 전 딸아이와 함께 찾았을 때처럼 타무라 고유키(田村小雪) 씨가 반갑게 맞는다. 료칸 2층에 마련된 가와바타 야스나리의 문학자료실은 설국을 집필했던 방으로, 가스미노마(かすみの間)에는 책상과 의자, 화로, 족자 등이 놓인 예전 그대로이다. 입구에 1930년대 게이샤들이 입던 코트를 옮겨 온 것을 빼면 달라진 것은 없다. 차창에 걸터앉아 밖을 내다보니 소설의 한 구절이 떠오른다. "여자는 창턱에서 일어나 이번엔 창 밑의 다다미 바닥에 다소곳이 앉았다. 지나간 날들을 회상하는 듯하더니, 어느 틈에 시마무라 곁으로 다가앉아 새침한 표정을 띠었다."

다카한 료칸 2층에는 넓은 온천욕장이 있다. 온도가 다른 두 개의 욕장은 규모가 꽤 커 30~40명이 동시에 온천을 할 수 있을 정도이다. 마을과 주변풍광이 훤히 내려다보이는 조망권도 일품이다. 저녁식사에 앞서 온천욕을 즐기는 손님이 많아 촬영을 포기하고, 다음날 체크아웃을 하면서 타무라 씨에게 부탁해 온천탕 사진을 담아올 수 있었다.

다카한 료칸은 최근 지어진 료칸에 비하면 편의시설이나 객실이 조금 낡았다. 조금 더 최신의 시설을 원한다면 인근의 료칸에 머물 수도 있다. 하지만 오래된 료칸을 좋아하기에 어떤 료칸과 비교할 수 없을 만큼 만족스럽다. 게다가 간혹 별미를 내 주기도 하고, 료칸 구석구석을 촬영할 수 있도록 섬세하게 배려해 주어 늘 다카한 료칸을 찾는다.

에치고유자와에서는 료칸 외에도 족탕과 대중온천탕이 있다. 대중온천탕으로는 고마코노유, 야마노유, 이와노유, 가이도노유, 스쿠바, 고마쿠사노유가 있는데, 다카한 료칸 근처의 야마노유와 스키장 아래 자리한 고마코노유가 가장 유명하다. 야마노유(山の湯)는 삼나무로 만든 2층 건물로 외관은 평범하지만 노송으로 꾸민 실내는 아늑해 온천욕을 즐기기에 더없이 좋다. 에치코유자와 최고 인기 욕장인 고마코노유(駒子の湯)는 단층 목조 건물로 내탕에서도 마을과 주변 산을 조망할 수 있어 좋다. 고마코노유 휴게실에는 《설국》이 발표될 당시의 마을 흑백 사진과 다카한 료칸 사진 등이 전시되어 있는데 지금의 모습과 별반 다르지 않다.

에치고유자와 온천의 역사는 2백 년이 조금 넘었고, 1931년 죠에츠센(上越線)이 개통되면서 많은 사람들이 찾기 시작했다. 원천수는 염화칼슘과 나트륨이 약간 포함된 약알칼리성의 단순온천수로 pH 농도 8.0이다. 500여 톤에 달하는 온천수는 섭씨 57~71도로 뜨거운 편이고, 근육통, 신경통, 운동마비, 만성위장병, 소화불량, 피로회복, 치질, 냉증에 뛰어난 효과가 있다고 한다. ◗

가와바타 야스나리가 6개월간 머물며 《설국》을 집필했던 다카한 료칸의 방. 당시 모습 그대로 전시하고 있다.

《설국》의 주인공 이름을 딴 대중온천탕 '고마코노유'.

| (숙박) | 료칸과 호텔, 민박이 17곳 있다. 작은 마을이지만 매년 120만 명이 넘는 여행객이 찾기 때문에 숙박시설이 깨끗하고 편안하다. 요금은 1박 2식 1인 기준으로 8,000~110,000엔 정도이며 도시의 온천지역에 비해 저렴하다. |

료칸조합 www.e-yuzawa.gr.jp/sys/stay

오네와야 료칸 www.otowaya-jp.com

이나모토 www.oyadoinamoto.jp

미쓰즈미카쿠 카즈키 www.shousenkaku-kagetsu.com

나카야 www.onyuyado-nakaya.co.jp

타키노유 https://www.yuzawa-takinoyu.com

온유야도 나카야 www.onyuyado-nakaya.co.jp

쿠아트로 www.quattro-yuzawa.jp

유이마사쿠라 www.yuimakura.jp

하타고 이센 www.hatago-isen.jp

1 설국의 마을 에치고유자와에 있는 설국관. 가와바타 야스나리에 관한 자료들이 전시되어 있다.
2 니가타현 대표음식인 연어와 알요리.
3 1930년대 설국 당시의 모습을 재현한 상점 건물.
4 겨울이면 마을과 계곡 사이 스키장이 들어서고 많은 스키어들이 찾는다.
5 독특한 간판의 가게.
6 눈옷인 삼파쿠를 입은 '고마코' 인형. 소설의 주인공을 귀여운 캐릭터로 만들었다.
7 니카타현 명물 사케와 사시미.
8 무료로 이용할 수 있는 족탕.

(볼거리)   에치고유자와에서 빼놓지 말아야 할 것은 설국관과 다카한 료칸이다.

　　　　　설국관 : 입장 9:00~17:00. 성인 500엔, 어린이 250엔

　　　　　다카한 료칸 문학실 : 입장 9:00~17:00. 외부인 관람 불가

　　　　　에치코유자와 여행정보 www.e-yuzawa.gr.jp

(먹을거리)   작은 마을이지만 역 근처에는 횟집 오스시, 화식집인 다쓰노야, 아사쿠사 등
　　　　　30곳에 달하는 음식점이 있다. 산간 향토음식을 비롯하여 동해에서 잡은 신선한
　　　　　생선도 다양하게 즐길 수 있다.

요절한 작가 미야자와 겐지가 자주 찾았던 오사와 온천의 겨울 풍경.

이와테현
오사와 온천

오
사
와

온
천　료
칸

작가 미야자와 겐지의 고향
오사와 온천

도호쿠(東北) 지방 중앙에 자리한 이와테현(岩手県)은 43개 현 가운데
면적이 가장 넓다. 세계문화유산인 추손지(中尊寺)와 아름다운 해안풍경,
낭만적인 온천마을, 목장 등 볼거리가 많은 반면, 인구 밀도는 낮아 현청이 있는
모리오카시와 문화도시 하나마키시도 인구 10만여 명의 작은 도시이다.

하나마키시(花巻市)는 요절한 작가 미야자와 겐지의 고향으로,
온천과 미야자키 동화촌으로 일본 내에서 잘 알려져 있다. 하나마키
온천(花巻温泉)과 다이 온천(台温泉), 마츠쿠라 온천(松倉温泉), 와타리
온천(渡り温泉), 야마노카미 온천(山の神温泉) 등 11곳의 온천마을은 저마다
장점이 있는데, 그중에서도 료칸 세 곳만이 자리한 한적하기 그지 없는 오사와
온천(大沢温泉)이 으뜸으로 꼽히는 것은 계곡의 아름다운 풍취와 자연 속에서
여유를 만끽할 수 있기 때문이다.

3년 만에 다시 온 신하나마키역은 미야자와 겐지(宮澤賢治)의 작품
《은하철도의 밤》을 모티브로 한 벽면과 문 장식이 여전하다. 오사와 온천까지
가는 셔틀버스를 기다리며 이와테 명물 완코 소바(わんこそば)도 먹고 주변을
산책하였다. 푸른 하늘과 들판이 더 없이 평화롭다. 오후 3시에 출발하는
오사와 온천행 셔틀버스에 올랐다. 도요사와(豊沢) 천변에 자리한 작고 소박한
오사와 온천은 생전의 미야자와 겐지가 자주 다녔던 온천으로 유명하다. 특히
도요사와 천변에 접해있는 노천탕에서 바라보는 숲이 매우 아름답다. 여름의
녹음도 좋고, 가을이면 고운 단풍을 감상할 수도 있다. 겨울에는 설경이
아름다워, 산속 온천의 분위기를 만끽할 수 있는 곳이다.

하나마키를 사랑한 미야자와 겐지

하나마키에는 미야자와 겐지의 흔적을 곳곳에서 만날 수 있다.
하나마키시와 주변이 한눈에 들어오는 아담한 산 정상에 있는 미야자와 겐지
기념관은 그의 탄생 100주년이 되던 1996년 세워졌다. 오리지널 원고 일부와
작품 속 주인공 등 그의 작품 세계를 보여주는 자료들과, 농업학교 재직 당시의
자료, 평소에 연구하던 별과 화석 자료 등 그의 사상과 관심사에 관한 자료,
가족에 관한 자료까지 살뜰하게 전시되어 있다.

1896년 하나마키에서 태어난 미야자와 겐지는 불교사상에 바탕을 둔 지식인이자 교육자였으며, 핍박받던 농민을 위한 권리운동에도 앞장섰다. 틈틈이 시와 동화 등 독특한 작품들을 썼지만 생전에 인정을 받지는 못하였다. 37세의 젊은 나이에 세상을 떠나자 도호쿠 지방의 향토색 강한 그의 작품들은 유작으로 발표되었다. 환상적인 분위기의 애니메이션 〈은하철도 999〉의 원작인 《은하철도의 밤》을 비롯해 《쥐돌이 쳇》, 《카이로 단잔》, 《주문 많은 음식점》 등은 지금까지 크게 사랑받고 있다. 평생 고향에서 학생들을 가르치고, 가난한 농민들과 함께 생활한 그는 일본 문학계에서도 독특한 지위를 갖고 있는 작가이다. 한 인간으로서도 성실하고 검박하며 이타적인 삶을 살았던 그의 자취를 보면서 매번 감동을 느낀다.

기념관 인근의 겐지 동화촌(童話村)은 그의 동화를 모티브로 하여 겐지학교와 은하철도 광장, 백조의 정차장, 여러 체험공간과 산책로 등을 만들어 놓았다.

광장 한켠의 은하철도를 지나 동화촌 안으로 들어서면 동물 친구의 조각들이 곳곳에 보이고, 겐지학교는 동화를 테마로 실내를 꾸며놓았다. 신비로운 영상과 현란한 음향이 조화를 이루어 마치 동화 속으로 들어온 착각이 들었다. '은하철도의 밤'을 주제로 한 체험장, 자연과 우주세계 체험장 등 자유롭게 이용할 수 있는 곳이 많아 아이들은 물론이고 미야자와 겐지 동화를 좋아하는 성인들도 많이 찾는다.

동화촌에서 걸어 5분 거리에는 미야자와 겐지 문학관인 이하토부칸(イーハトーブ館)이 있다. 전시장과 도서관 외에도 그 동안 출판된 동화책과 시집, 음반 등을 판매하고 있다. 하나마키에는 기념관, 동화촌, 문학관 외 그의 생가와 무덤 등 미야자와 겐지에 관한 유적지가 도처에 흩어져 있다. 한 작가와 관련한 건물이 하나마키에 이토록 많은 까닭은, 생전의 작가가 고향을 무척 사랑하여 농업학교 교사로 일하면서도 계몽운동 등에도 앞장섰기 때문이다. 병고에 시달리면서도 끝까지 고향을 떠나지 않았기에 하나마키와 미야자와 겐지는 서로 떼어놓고 생각할 수 없을 정도이다.

(가는 길)　항공 : 인천 – 센다이 공항(2시간 10분 소요). 인천 – 하네다 혹은
　　　　　나리타공항(2시간 10분 소요)
　　　　　기차 : 센다이 공항 – 센다이역(버스로 40분 소요) – 신하나마키역(신칸센 1시간
　　　　　소요)
　　　　　버스 : 신하나마키역 – 오사와 온천. 1일 3회 무료셔틀버스(45분 소요)
　　　　　*신하나마키역 택시 승차장 건너편에서 출발. 15:00, 16:00, 17:00 3회
　　　　　택시 : 신하나마키역 – 오사와 온천(30~35분 소요, 요금 4,000~5,000엔)

(온천)　　하나마키 지역에는 오사와 온천을 비롯하여 탕치 전문 온천부터 고급 료칸까지
　　　　　여유롭게 즐길 수 있는 온천마을이 12곳 있다. 각 온천에서 개방하는 온천탕도
　　　　　수십 곳이어서 홈페이지를 통해 검색 후 이용하는 것이 좋다.
　　　　　다이 온천 www.daionsen-iwate.com
　　　　　마츠쿠라 온천 http://suishouen.ftw.jp
　　　　　하나마키관광협회 https://www.kanko-hanamaki.ne.jp/kr (한글지원)
　　　　　하나마키 온천 http://www.hanamakionsen.co.jp

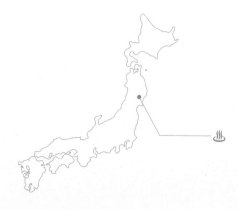

이와테현의 문화도시이자 미야자와 겐지의 고향 하나마키.

하나마키시에서 오사와 온천으로 가는 길의 시골 풍경.

오
사
와　온
천　료
칸　大沢温泉

주소 : 이와테현 하나마키시 유구치자 오사와 181
홈페이지 : http://www.oosawaonsen.com
연락처 : 산스이가쿠 0198 25 2021, 기쿠스이칸 0198 25 2233,
지스이부 0198 25 2315
객실 형태 : 전체 화실. 산스이가쿠 57실 300명 수용, 기쿠스이칸 17실 60명 수용,
지스이부 57실 227명 수용
객실 요금 : 산스이가쿠 1박 2식 1인 기준 16,000~2,6000엔 / 기쿠스이칸 1박 2식 1인
기준 5,400~10,000엔 / 지스이부 1박 3,500~4,500엔.(식사는 공동 취사장에서 직접
해먹거나, 주문해서 먹을 수 있음)
체크인, 아웃 : 15:00, 10:00
온천탕 : 대형노천탕, 반 노천탕, 대욕장, 여성전용 노천탕, 대여탕 등 다양함
*지스이부는 객실 요금에 이불, 유카타, 모포 등의 비용 불포함. 대여비를 따로 내야 함

오사와(大沢) 온천 료칸은 도요사와(豊澤) 천변을 따라 산스이가쿠(山水閣), 기쿠스이칸(菊水館), 지스이부(自炊部)가 나란히 있다. 산스이가쿠는 현대식 건물에 객실도 넓고 편리한 시설을 갖추고 있고, 기쿠스이칸은 보다 작은 건물에 객실도 아늑한 편이다. 지스이부는 식사를 제공하는 대신 직접 취사가 가능하도록 하여 요금이 저렴하고, 객실도 세월의 흔적을 느낄 수 있어 가장 운치 있다. 시설이나 서비스, 요금 등이 각각 다르지만 실질적으로는 한 곳에서 운영하는 료칸이다. 도쿄에 사는 사촌에게 추천받은 료칸은 좀더 편리한 산스이가쿠가 아니라 지스이부였다.

메이지 시대 때 건축한 목조건물로 150년 넘게 도요사와 계곡을 지키고 있는 지스이부는 오래된 전통가옥의 멋을 간직한 외관, 손때 묻은 고가구들로 꾸며놓은 객실과 실내공간은 나의 취향에 잘 맞아 아주 만족스러웠다. 무엇보다 미야자와 겐지가 자주 찾았던 곳이란 이유만으로도 더 말할 것 없는 곳이었다. 지스이부 객실에는 정겹게도 코다츠가 놓여있다. 테이블 안쪽에 히터가 내장돼 있고 두꺼운 천으로 덮인 일본식 전기난로로, 겨울에 거실 테이블로도 사용하는데, 니가타, 아오모리, 아키타현처럼 눈이 많은 산간지방에서는 자주 볼 수 있다.

오사와 온천은 무엇보다 노천탕의 경관이 멋지다. 산속의 계곡에 접해 있어 물소리를 들으며 따뜻한 온천에 몸을 담그고, 자연의 풍광을 조망할 수 있는 산스이가쿠 노천탕, 나무로 만든 기쿠스이칸 내탕, 그리고 가족이나 연인끼리 아늑하게 온천욕을 즐길 수 있는 가족탕 등 10개가 넘는 온천탕이 있다. 여러 온천탕 중에서도 지스이부 료칸의 혼욕 노천탕이 가장 인상적이었다. 남녀 각기 다른 출입문을 사용하는 혼욕 노천탕은 바로 계곡에 접해있어 자연 속에 안긴 듯한 느낌이다. 특별한 냄새도 색도 없는 투명 온천수로, 섭씨 42~43도의 약알칼리성이며, 신경통, 근육통, 관절염, 만성소화기불량, 냉증, 치질, 피로회복에 좋다. 치료목적으로는 라듐 함유량이 풍부한 인근 타카쿠라야마 온천(高倉山温泉)을 많이 찾고 있지만, 수십 년 전만 해도 많은 사람들이 병을 치료하기 위하여 오사와 온천을 찾았다고 한다.

산스이가쿠 료칸의 산스이 온천은 24시간 개방, 다른 온천탕의 경우 새벽 6시부터 밤 12시까지 개방하고, 지스이부 혼욕 노천탕, 산스이가쿠 남부온천탕 등 일부 탕은 제한된 시간에 한하여 당일 온천객에게도 개방하고 있다. 단 시간은 미리 확인해야 한다. ♦

이와테 명물인 완코 소바. 한입에 들어갈 적은 양의 메밀국수 그릇을 계속 내놓는데, 적게는 서너그릇에서 많게는 수십 그릇을 비우기도 한다.

160년 전 생활가구를 그대로 사용하는 기쿠스이칸 료칸의 객실.

추운 지방의 료칸에서 흔히 볼 수 있는 다다미 방안의 이로리(일본식 전통화로).

1 미야자와 겐지 문학관.
2, 5, 7 동화촌과 겐지학교의 동화를 모티브로 한 작품.
3 미야자와 겐지의 친필 원고.
4 동화촌을 찾아온 아이들.
6 료칸의 가이세키 요리의 일부.
8 미야자와 겐지 기념관 입구.

(볼거리) 하나마키의 미야자와 겐지의 문학세계를 재현해 놓은 기념관(9:00~4:30, 성인
350엔, 청소년 250엔, 어린이 150엔)과 문학관, 동화촌이 대표적 볼거리이다.
기념관+문학관+동화촌 통합권 : 성인 10,000엔, 청소년 650엔, 어린이 400엔
미야자와 겐지 기념관 www.city.hanamaki.iwate.jp/miyazawakenji/kinenkan
하나마키 여행정보 http://www.kanko-hanamaki.ne.jp/kr/

（먹을거리） 이와테현은 신선한 야채, 유제품, 생선이 풍부하다. 오사와 온천을 비롯하여
많은 온천에서는 신선한 야채와 생선을 중심으로 각종 요리가 나온다. 350년
역사를 자랑하는 명물 완코 소바도 많은 료칸과 음식점에서 맛볼 수 있다.

야마가타현
긴잔 온천

🌢

나
가
사
와

헤
이
하
치

료
칸

267

한국판 몽실 언니 〈오싱〉의 온천
긴잔 온천

도호쿠(東北) 지방의 야마가타현은 사방이 산으로 둘러싸여 있다. 현을
관통하는 모가미 강(最上川)을 중심으로 삼면이 명산으로 둘러싸여 있는데,
모두 화산이라 그 주변에는 어김없이 온천마을이 조성되어 있다. 1만 5천
명을 수용하는 자오 온천(蔵王溫泉), 낭만적인 아카유(赤湯) 온천, 해발
1,230미터에 위치한 요네자와 핫토(米沢八湯) 등 29곳에 달하는 온천마을이
있다. 그중 가장 유명한 온천이 광부의 온천에서 출발한 긴잔 온천(銀山溫泉)
마을이다.

야마가타(山形)역에서 긴잔 온천의 관문 오이시다(大石田)역으로
이어지는 풍경은 산과 계곡, 강의 연속이다. 인구 밀도가 높지만 도호쿠
내륙지방은 비교적 자연경관과 환경이 잘 보존되어 있고, 울창한 삼나무
군락지와 낙엽송 사이에 자리한 너도밤나무가 끝없이 어우러져 아시아를
대표하는 숲의 나라에 와있음을 느낄 수 있다.

드라마 〈오싱〉으로 유명해진 전국구 온천

마을을 흐르는 긴잔강(銀山川)에서 유래된 긴잔 온천은 17세기 후반
은광산에서 일하던 광부에 의해 발견되었다. 산촌 온천의 독특한 특징이 잘
보존된 긴잔 온천은 완만한 경사면을 따라 흐르는 긴잔강을 중심으로 주택과
료칸, 상점이 늘어서 있다. 건물 대부분은 다이쇼(大正) 시대 건축 양식을
잘 보여주고 있다. 에도 시대(江戸時代) 번성했던 온천마을에 다이쇼 시대
건축물만 남은 것은 1913년 대홍수로 마을 전체가 폐허가 되었기 때문이다. 이후
3·4층짜리 건물이 하나 둘 들어서면서 지금의 료칸 대부분은 1910~20년대인
다이쇼 말기와 쇼와(昭和) 시대 초반에 지어진 건물이다.

1954년 도입된 국민보양 온천제도에 따라 1968년
국민보양온천지역으로 지정되었지만 워낙 오지라 크게 주목 받지 못했다.
그러던 중 1983년 NHK 아침드라마 오싱(おしん)이 방영되면서 전국적인 유명
온천이 되었다. 《오싱》은 작가 하시다 스카코(橋田壽賀子)가 긴잔 온천과 인근
마을 주부들의 인터뷰를 기초로 주인공 오싱의 파란만장한 80년 평생을 다룬
드라마로, 일본 드라마에서 유례를 찾기 힘들 정도로 폭발적인 인기를 누렸다.

가난한 집 셋째 딸로 태어난 오싱은 어려서 더부살이를 하고, 관동대지진으로 남편과 아들을 잃고 시어머니의 구박과 온갖 고생 가운데서도 꿋꿋하게 살아간다. 한 여인의 생을 감동적으로 그려 평균 시청률이 60%대에 이르렀고, 우리나라에서도 소설과 영화로 제작되었다. 긴잔 온천의 료칸에서 일하는 어머니를 찾아 오싱은 이곳에 오게 된다.

긴잔 온천에는 료칸만 12곳이 있는데 최대 수용할 수 있는 손님은 약 600명에 불과하다. 아타미나 아리마 온천의 대형 숙박시설 한 곳에서 수용하는 인원에도 못 미친다. 그러나 호젓하게 온천욕을 즐기며 산촌마을을 둘러볼 수 있어 굳이 오지까지 찾아온다. 특히 시간을 거슬러 올라간 듯 112년 전 다이쇼 시대 건물들이 줄지어 서 있고, 어둠이 내리면 운치 있는 가스등이 켜지며 산촌의 밤에 낭만을 더한다. 계절마다 자연의 변화가 아름답고, 숲길과 폭포, 과거 은을 채굴했던 광산 등 자연과 어우러진 온천 주변의 볼거리도 많다.

근육통과 부인병에 효과가 뛰어난 뜨거운 온천수

마을 대중탕은 카지카유(かじか湯)와 시로가네유(しろがね湯)가 있고, 대여 가족탕인 오모카게유(おもかげ湯)가 있다. 긴잔 온천을 대표하는 풍경인 천변에서 족탕을 즐길 수도 있고, 각 료칸의 온천탕을 이용할 수도 있다.

긴잔 온천에서 머물면서 나가사와 헤이하치 료칸의 내탕과 공동탕 카지카유에서 온천욕을 즐겼다. 두 온천 모두 특별한 냄새가 있거나 피부가 매끈거리지는 않는데, 지금까지 다녀온 온천 가운데 가장 뜨거운 온천수였다. 그래서인지 료칸의 온천탕과 마을 대중탕에는 냉탕이 있어 혼합해 사용할 수 있도록 되어 있다. 긴잔 온천은 염화수소가 포함된 약한 산성을 띠고, 원천수는 섭씨 61~63도에 이르나 온천탕에는 45도 정도에 공급된다. 투명한 색에 가까운 온천수는 신경통, 근육통, 만성소화기병, 류머티즘, 피부병, 찰과상, 부인병과 냉증 등에 효과가 있고, 찰과상과 냉증에 탁월한 효능이 있다고 한다. 고작 하루 머물며 세 곳의 온천탕을 이용한 경험으로 온천의 질을 논하는 것이 어불성설이고, 다만 뜨거운 온천수가 피로회복에 아주 뛰어나다는 것은 확실했다. 다음날 몸이 그렇게 말해주었으니.

작은 마을이지만 하루만 머물고 떠나오기 아쉬웠다. 빠른 시일 내에 다시 찾으리라 생각했지만 아직 실행에 옮기지 못하고 있다. 오는 겨울에는 긴잔 온천을 찾아 가로등 불빛 사이로 소담스럽게 내리는 눈을 맞으며 노천탕에 몸을 담가볼 생각이다.

(가는 길)　　항공 : 인천 – 센다이 공항(2시간 10분 소요)
　　　　　　버스 : 센다이 공항 – 센다이역(40분 소요)
　　　　　　센다이역–긴잔온천(1시간 45분)
　　　　　　기차 : 센다이역 – 야마가타역(1시간 소요) – 오이시다역(30분) –
　　　　　　긴잔 온천(시영버스로 40분, 720엔)

(온천)　　　긴잔 온천 마을에는 무료로 이용 가능한 족탕, 두 곳의 대중탕과 한 곳의
　　　　　　대여탕이 있다. 료칸의 경우 내탕과 노천탕, 혹은 내탕만 있는 곳이 있다.
　　　　　　긴잔 온천 http://www.ginzanonsen.jp
　　　　　　카지카유(かじか湯) 공동탕, 300엔
　　　　　　시로가네유(しろがね湯) 공동탕, 500엔 초등학생 200엔
　　　　　　오모카게유(おもかげ湯) 대여탕 60분 2,000엔

나
가
사
와
헤
이
하
치
　
료
칸

永澤平八

주소 : 야마가타현 오바나자와시 오오자바긴잔심바타 445

홈페이지 : www.nagasawa-heihachi.com

연락처 : 0237 28 2137

객실 형태 : 화실 전체 7실

객실 요금 : 1박 2식(조·석식) 1인 기준 18,000~20,000엔

온천탕 : 남녀 내탕, 대여노천탕·가족탕

체크인, 아웃 : 15:00, 10:00

당일 온천 : 500~1000엔, 가족탕 3,000엔

찾아가기 : 송영 서비스 있음. 오이시다역에서 마중 13:40, 15:45(2편)

료칸에서 출발 10:00(1편)

긴잔 온천마을의 진수를 맛보려면 아무래도 겨울이 제격일 것이다. 그러나 일정 때문에 후덥지근한 여름에 긴잔 온천을 찾았다. 숙소는 고민할 것도 없이 나가사와헤이하치(永澤平八) 료칸으로 정하였다. 더 세련된 실내와 편의시설을 갖춘 료칸도 있지만, 드라마와 소설《오싱》의 주요 무대가 된 곳이기 때문이다. 나가사와헤이하치 료칸은 약 100년 전 당시의 모습을 그대로 간직하고 있다. 다이쇼 건축 양식을 잘 보여주는 3층의 웅장한 외관과 입구, 층을 오르내리는 나무 계단과 통로, 객실 등이 잘 관리되어 있어 전통 료칸을 경험하기에 좋다. 특히 다이쇼 건축의 특징인 발코니와 창문, 유리문 등은 앤티크한 분위기가 물씬 풍긴다.

상당한 규모의 3층 전체에 객실은 9개이고, 최대 45명을 수용하는 정도이다. 규모에 비해 객실과 수용인원이 적은 만큼 객실과 남녀 대욕장, 대여탕까지 넓고 여유로워 무엇보다 좋다. 머무는 손님도 20~30명 정도여서 여러 모로 전통 료칸의 전형을 보여주었다. 개인적으로 아쉬운 점이라면, 손님의 프라이버시를 극대로 배려해 사진촬영 제한구역이 너무 많다는 점이다. 그래서 객실과 휴게실 외에는 촬영을 할 수 없었다.

긴잔마을에는 대형 체인호텔은 물론이고 작은 호텔이나 민박도 찾아볼 수 없다. 12곳의 료칸이 전부이다. 유명 온천마을 가운데 숙박시설이 료칸으로만 이루어진 곳은 긴잔 온천마을이 유일하였다.

긴잔 온천은 산간 내륙지역이지만 동해의 신선한 생선이 매일 공급된다. 가이세키 요리로 신선한 산채와 생선 요리가 나오고, 메밀 산지로 유명한 야마가타현의 질 좋은 메밀 소바도 유명하다. ♦

（숙박） 긴잔 온천마을에는 12곳의 전통 료칸이 있다. 하루 최대 투숙객은 600명 수준으로 예약은 필수다. 숙박요금은 1박 2식 1인기준 12,000~25,000엔 정도이며, 후지야 료칸의 경유 26,000~48,800엔 정도이다.

노토야 료칸 http://www.notoyaryokan.com

다키미칸 http://www.takimikan.jp

긴잔소 http://www.ginzanso.jp

크라노비 https://www.kozankaku.com/auberge

마쓰모토 http://www.ginzan-matsumoto.com

쇼와칸 http://www.shouwakan.net

야나다야 http://www.ginzanonsen.jp/yanadaya

고세키야백칸 http://www.kosekiya.jp

후지야 http://www.fujiya-ginzan.com

료칸 이토야 http://hatago-itouya.com

후루야 마카쿠 https://www.kozankaku.com

（레저） 유람선을 타고 일본 3대 급류 가운데 하나인 모가미 강을 따라 즐기는 유람선 투어가 유명하다. 전체 길이 229㎞ 중 약 12㎞가 유람코스로 개방되어 있으며 소요시간은 1시간이다.

(볼거리)　사적지인 옛날 은광을 비롯하여 아름다운 폭포, 에도시대 도자기를 전시해
　　　　　　놓은 가미노하타야키 도예센터 등이 있다.
　　　　　　오바나자와시 상공회 http://www.shokokai−yamagata.or.jp/obanazawa (일본어)
　　　　　　야마가타현 여행정보 http://www.yamagatakanko.com/korean (한글지원)

1 나가사와 료칸 객실.
2 긴잔 온천의 명물인 소바와 산채 요리.
3 나가사와 료칸 2층에서 내려다 보이는 긴잔 거리.
4 료칸 직원이 손님을 모시고 료칸으로 가는 중이다.
5 긴잔 노천족탕

807년 창건한 슈젠지 본당으로 화재로 소실된 것을 새롭게 복원한 건축물

시즈오카현
슈젠지 온천

토게츠소 우 킨류 소라

이즈의 작은 교토, 일본사람들의 버킷리스트
슈젠지 온천

도쿄 서남쪽 시즈오카 현은 평범한 고장이다. 잘 알려진 도시도, 산업시설도
없지만 일본인이 한 번쯤 방문하고픈 버킷리스트 상단을 점유하고 있다.
시즈오카 현에 가고 싶어하는 이유는 진정한 휴식이 가능하기 때문이다. 한적한
고원에서 여유롭게 산책과 휴식을 만끽하거나, 후지 산을 배경으로 펼쳐진 녹차
밭이나 끝없이 펼쳐진 바다와 숲을 감상하며 온천욕을 즐기는 것도 가능하다.

　　　47개 현으로 이루어진 일본에는 각 현마다 적게는 서너 곳, 많게는 수십
곳에 달하는 온천지역이 조성되어 있다. 온천이 하나의 문화로 생활 속 깊숙이
자리한 나라답게 각 분야에서 일가를 이룬 인물과 연관된 온천지도 즐비하다.
사찰과 온천, 문학, 정감을 두루 갖춘 곳이 시즈오카 이즈시에 자리한 슈젠지
온천마을이다.

　　　지명은 사찰에서 유래되었다. 슈젠지(修善寺)는 807년 고보
다이시(弘法大師)에 의해서 창건되었다. 그는 슈젠지를 창건하기에 앞서
시코쿠에서 활동했던 승려였다. 시코쿠에서 수행한 후 이즈 지역으로
이동하여 슈젠지를 창건하고 수행과 포교에 매진했다. 이후 고보 다이시는
시코쿠와 더불어 일본 불교 최고 성지 중 한곳인 와카야마 고야산으로 이주해
여러 사찰을 창건하고 포교에 전념하다 생을 마감했다. 많은 사람들이 그를
추모하였고 훗날 '일본 진언종 불교의 아버지'로 불리게 되었다.

　　　일본 사람들은 새로운 애칭이나 별칭을 붙이는 것을 무척 좋아한다.
에도시대 건축물이 남아 있는 곳을 '작은 에도'라 칭하고 사찰이나 옛 문화가
보존된 곳을 '작은 가마쿠라' 등으로 부른다. 슈젠지는 '이즈의 작은 교토'라고
불린다. 하천변을 따라 자리한 건물, 하천 위에 세워진 붉은색 다리며 마을
구석구석 뿌리를 내린 단풍나무, 교토 외곽 아리시야마 축소판 대나무 숲,
마을을 둘러싼 200~300년 된 울창한 숲과 좁은 골목은 이즈 교토라는 애칭에
부합된다.

　　　온천 왕국 일본에는 수백 년 아니 천년 넘는 역사를 자랑하는 온천도
여러 곳 있다. 슈젠지는 마쓰야마 도고 온천이나 기후의 게로 온천, 군마 쿠사츠
온천에는 비교할 수 없지만 이즈 반도 온천 중 가장 오랜 역사를 자랑한다.
슈젠지 온천은 807년 이 곳을 찾은 고조 다이시가 가츠라가와 강에서 병에 걸린

아버지 몸을 닦던 소년의 효행에 감동한 일에서 비롯되었다. 고보 다이시가
지니고 다니던 돗코(지팡이)로 바위를 쳐 온천수가 나오게 해 병을 치료했다는
이야기가 전해져 내려온다. '돗코노유'라는 온천명도 스님들이 사용하는 커다란
지팡이에서 비롯되었다.

슈젠지는 근대 일본 문학의 거목, 나쓰메 소세키와 깊은 인연이 있다.
소설, 수필, 한시, 하이쿠 등 여러 장르에 걸쳐 다양한 작품을 남긴 나쓰메
소세키는《산시로》,《그 후》,《문》을 집필 후 위궤양으로 병원에 입원했다.
병원에서 퇴원한 나쓰메 소세키는 1910년 여름 슈젠지 요양 길에 올랐다.

그의 슈젠지 생활은 순탄하지는 않았다. 슈젠지에서 머물던
나쓰메 소세키는 갑작스러운 각혈로 인하여 다시 도쿄로 돌아가
입원했다. 훗날 평론가들은 나쓰메 소세키의 슈젠지 생활을 '슈젠지의 큰
병(修善寺の大患)'으로 불렀다. 요양 차 방문했던 슈젠지에서 나쓰메 소세키가
집필한 작품은 없지만 사경을 헤매던 기억들은 훗날 작품에 지대한 영향을
주었다.

1912년 발표한《피안이 지날 때까지》,《행인》,《마음》등에는
슈젠지에서의 생활이 작품 전반에 고스란히 녹아 있다. 메이지 시대를
대표하는 소설가이자 평론가이며 기자였던 나쓰메 소세키와 인연이 있는
온천마을이 여러 곳이지만 머물며 생활했던 곳은 슈젠지와 도고 온천이 자리한
마쓰야마뿐이다.

슈젠지는 가와바타 야스나리(川端康成)의《이즈(伊豆)의 무희》의
무대이기도 하다. 1926년 발표한 이즈의 무희는 가와바타 야스나리가 고등학교
1학년 때 이즈를 여행하다 우연히 동행한 유랑 극단 무희의 만남과 이별을
담은 작품이다. 사랑의 순수함이 그대로 녹아 있다. 슈젠지 남쪽 아마기 터널
입구에는 가와바타 야스나리 문학비가 있다.

（가는 길） 항공 : 인천 – 시즈오카 공항(1시간 55분)
제주항공에서 1일 2편 오전, 오후 직항 운행)
버스 : 시즈오카 공항 – 시즈오카역(버스 이용 50분 소요 요금 1,100엔)
센다이역–긴잔온천(1시간 45분)
시즈오카역에서 → 슈젠지 온천까지: 시즈오카역(신칸센) – 미시마역(22~27분
자유석 2,800엔 지정석 4,400엔 / 로컬 1시간 990엔) – 미시마역에서 –
슈젠지역까지(550엔 35분) – 슈젠지역 – 슈젠지 온천(버스 1시간에 4대, 6분
소요 210엔)

（온천） 코노유, 가와라유(족탕), 하코유를 비롯하여 료칸과 호텔에서 개방하는 온천은
10여 곳에 이른다. 요금은 무료 족탕부터 1인 기준 700~2,000엔까지 다양하며
가족탕은 40분 기준 2,000~3,000엔 수준이다.
돗코노유 : 이즈지역에서 가장 오래된 온천으로 현재는 관람만 허용된다.
가와라유 : 과거 주민들이 사용하던 공중 온천을 새롭게 단장한 족욕탕으로
무료 이용.
하코유 : 오래된 온천으로 가마쿠라 막부의 2대 쇼군 미나모토노 요리이에가
애용하던 온천으로 현재 건물은 새롭게 건축한 것. 영업시간 : 12:00~21:00
최종 입욕 마감 20:30분. 요금 성인 700엔 초등생 400엔 주민 350엔

토게츠소우 킨류 소라

宙 SORA 渡月荘金龍

주소 : 시즈오카현 이즈시 슈젠지 3455
홈페이지 : www.kinryu.net
연락처 : 0558 72 0601
객실 형태 : 5개 형태의 27개 객실이 준비되어 있다. 정원조망 객실, 산 조망 객실, 특별 노천탕 객실, 반노천탕 객실, 실내탕 객실.
객실요금 : 1박 2식(조식, 석식 포함) 1인 기준 16,000~36,000엔
온천탕 : 실내탕, 노천탕, 대여 가족탕, 객실 전용탕.
체크인, 아웃 : 15:00, 10:00
찾아가기 : 슈젠지 버스 정류장에서 도보 8~10분, 슈젠지역에서 택시로 10분.
온천 개방 : 단순 알카리성 온천수로 신경통, 근육통, 피로회복에 효과적이다.
11:30~16:00, 성인 1,500엔, 초등학생 1,200, 유아 1,000엔. 가족탕 40분 2,000엔

슈젠지에는 20여 곳에 이르는 숙박시설이 있다. 인근 하코네와 아타미에 비하면 숙소도 적고 규모도 작다. 하지만 문화재로 지정된 전통 료칸부터 저렴하게 머물 수 있는 게스트하우스까지 선택의 폭은 넓다. 여행 3주 전 국가 문화재로 지정된 아라미 료칸에 투숙을 시도해 보았지만 예약이 어려워 소라에 머물게 되었다.

공식 명칭은 소라 토게츠소우 킨류(宙 SORA 渡月莊金龍)이지만 '소라'라고 부른다. 어떤 사이트에서는 료칸으로 어떤 블로그에서는 호텔 소라로 분류하고 있지만 공식 명칭은 소라 료칸 호텔이다. 소라를 선택한 이유는 주변 자연경관 때문이었다. 오랫동안 사진가로 활동한지라 주변 환경에 비중을 두고 숙소를 고르는데 15,000평에 이르는 넓은 공간으로 이루어진 소라는 마치 숲 박물관을 연상케 할 정도였다. 객실로 사용하는 건물을 중심으로 산책로를 따라 이어진 수령 100년이 넘는 삼나무와 대나무가 가득하고 10개가 넘는 조형물은 다른 숙소와 뚜렷한 차이를 보여준다.

객실은 모두 29개로 건물 규모에 비해 적은 편. 다다미 객실부터 침대가 있는 서양식 객실, 그리고 일본식과 서양식을 혼합해 놓은 객실 등 다섯 개 양식으로 구성되어 있다. 요금은 객실과 음식에 따라 달라진다. 단순 숙박인 경우 보통 숙소와 비슷하나 개별온천이 포함된 객실과 음식에 따라 요금 차이가 난다. 소라에 머물 예정이라면 같은 객실과 날짜라도 사이트에 따라 차이가 있기에 먼저 홈페이지를 검색하여 꼼꼼히 살펴본 후 예약하는 것이 바람직하다.

객실은 차별화되어 있다. 고가 객실은 음식이나 차를 제공하는 곳과 휴식을 취하는 장소, 잠을 청하는 곳, 온천 공간이 구분되어 있으며 일반 객실의 경우 공간이 분류되지 않고 면적도 작다. 소라의 최고 장점은 객실에서 바라보는 주변 풍광. 모든 객실에는 커다란 창문과 발코니가 있어 사계절 아름다운 자연을 감상할 수 있다.

소라는 '도망치는 건 부끄럽지만 도움이 된다'라는 드라마 촬영 장소이기도 하다. 드라마의 무대가 되었던 숙소, 정원, 산책로, 주변 숲을 둘러보며 여유를 만끽하기에 더없이 좋다. 혹한이나 눈이 많이 내리는 기간을 제외하면 편안하게 주변을 걸으며 다양한 나무와 어우러진 단풍, 꽃을 감상할 수 있다. 산책로 곳곳에 조성해 놓은 기념물을 비롯하여 크고 작은 조형물을 감상하는 데 꽤 시간이 걸릴 정도로 볼거리도 많다.

도쿄에서 출발한 아침부터 내린 가을비는 슈젠지에서 머무는 내내 이어졌다. 보통 여행자라면 여행 중 비가 내리는 것을 선호하지 않겠지만 비와 눈이 내리는 등 변화무쌍한 날씨도 사진가인 나에게는 그 나름의 매력이 있다. 소라에는 수백 년에 이르는 거목이 즐비하고 지진에 대비해 심어 놓은 대나무밭과 숲 사이를 이어놓은 산책로를 즐길 수 있는 곳이다. 아마도 슈젠지 최고 자연경관을 갖춘 숙소가 아닐까.●

가쓰라가와 강변에 뿌리를 내린 단풍나무와 찻집 풍경.

이즈지역에서 가장 오래 된 온천으로 고보 다이시가 지팡이 쳐서 생긴 온천.

사방이 거목과 숲으로 둘러싸인 킨류 소라.

（숙박）　슈젠지에는 고급 료칸과 호텔, 게스트하우스를 포함하여 20곳이 넘는 숙소가
　　　　　있으며 가격은 1인 기준 7,000~100,000엔까지 매우 다양하다.
　　　　　슈젠지 료칸 조합 www.shuzenji-kankou.com/
　　　　　킨류 소라 www.kinryu.net
　　　　　아라이 www.arairyokan.net
　　　　　마루큐 www.marukyu-ryokan.com
　　　　　야규노쇼 www.yagyu-no-sho.com
　　　　　긴후쿠초 www.kinpukuso.co.jp
　　　　　미즈구치 www.onsen-yado-mizuguchi.com
　　　　　아사바 www.asaba-ryokan.com
　　　　　고요칸 www.goyokan.co.jp
　　　　　하나코미치 www.hanakomichi.jp

(볼거리) 슈젠지

807년 고보 다이시에 의해서 창건된 슈젠지는 마을의 상징. 막부시대 역사의
무대이기도 하다. 또한 가마쿠라 막부시대 수장인 쇼군 겐지 일족이 멸망한
비운의 역사적인 장소이다. 사찰 보물관에는 오카모토 기도의 명작 슈젠지
이야기와 관련된 가면 등이 보관되어 있다.

히에다 신사

과거 슈젠지의 수호신을 모셨던 신사로 오랜 역사를 자랑한다. 신사 입구부터
신사, 주변까지 부부 삼나무를 비롯하여 거대한 삼나무와 참나무가 가득하다.

대나무 숲길 치쿠린노미치

슈젠지 가쓰라 다리와 카에데 다리 사이에 조성된 대나무 숲길은 300m에
달한다. 아담한 대나무 숲길 중앙에는 원형 대나무 벤치가 있다.

토게츠교

슈젠지 온천마을을 가로질러 흐르는 가쓰라가와에는 다섯 개의 붉은 다리가
있다. 슈젠지에 있는 다섯 개 다리를 건너며 소원을 빌면 사랑이 이루어진다고
전해진다.

슈젠지 음식점에서 제공되는 튀김 정식, 슈젠지의 작은 료칸의 입구

(먹거리) 슈젠지 온천 마을에서 제공되는 메뉴에는 슈젠지 특산인 와사비를 사용하는
음식이 많다. 음식을 즐길 수 있는 곳은 료칸, 호텔 외 마을에는 15~20여 곳.
와사비 아이스크림도 맛볼 수 있다.

꼭 가보면 좋은 온천 10

홋카이도
노보리베츠 온천

일본의 최북단 홋카이도(北海道)는 빼어난 자연경관과 청정한 고장으로 알려져 있다.
그에 못지않게 200곳이 넘는 온천마을로 유명하다. 하코다테 유노가와 온천을 시작으로
오큐샤사키, 죠오잔케이, 소운쿄, 시레도쿄 온천 등 유명 온천만도 열 손가락이 모자란다.
그 중에서도 대표 온천이 노보리베츠(登別)이다. 하코다테와 삿포로 사이에 위치한
노보리베츠는 홋카이도 원주민인 아이누족의 문화가 남아있는, 홋카이도에서도 드문 온천
휴양지이다.

다량의 유황 성분을 포함한 노보리베츠 온천수는 에도 시대 때부터 탕치 온천으로
요양객들이 찾았다고 한다. 11가지의 유황 성분이 포함된 온천수는 피부미용, 혈액순환,
타박상, 요통, 심장병, 만성 관절염, 피부병, 습진 등에 좋다고 한다. 특히 섭씨 40~130도에
달하는 다양한 온천탕이 있어 어떤 온천보다도 선택의 폭이 넓다. 많은 료칸과 온천탕은 각기
성분과 온도가 다른 원천수를 끌어와 양질의 온천수를 제공하고 있다. 하루 1만 톤에 달하는
엄청난 용출량으로 메이지 시대를 거치면서 대형 숙박시설이 들어섰다.

노보리베츠는 흰 연기를 품어내는 약 11만 평방미터에 달하는 지옥계곡으로
유명하다. 근처 진흙밭 같은 화산 분출구에서 유황이 풍부한 온천수가 뿜어져 나오는 것을
볼 수 있다. 화산이 만들어 낸 온천수는 마실 수도 있다. 2000년대 들어 대규모 시설을 갖춘
온천들이 쇠퇴하는 추세지만 노보리베츠는 여전히 옛 영광을 유지하고 있다. 오랜 세월
온천객들의 사랑을 받고 있는 것은 뛰어난 온천수와 시설, 그리고 아이누족의 전통 문화가 잘
보존되어 있기 때문이다.

(가는 길)　항공 : 인천 – 홋카이도 치토세 공항(2시간 30분 소요)

기차 : 치토세 공항 – 노보리베츠역(50~55분 소요) 자유석 3,370엔 지정석 4,220엔

삿포로역 – 노보리베츠역(특급으로 1시간 소요), 자유석 2,420엔, 지정석 4,780엔

버스 : 삿포로역 – 노보리베츠 온천(100분 소요), 요금 2,500엔

하코다테역 – 노보리베츠역(2시간 30분 소요), 지정석 9,290엔

노보리베츠역 – 온천까지 버스 : 편도 350엔, 왕복 640엔

(온천)　14곳의 료칸과 온천장에서 온천을 즐길 수 있다. 1인 490~2,250엔

http://www.noboribetsu-spa.jp

다이이치 타키모토칸 http://www.takimotokan.co.jp : 성인 2,250엔 어린이 1,100엔

유모토 http://www.yumoto-noboribetu.com : 성인 1,400엔, 어린이 550엔

만세이카쿠 http://www.noboribetsu-manseikaku.jp : 어른 1,000엔, 어린이 500엔

하나야 www.kashoutei-hanaya.co.jp 성인 1,000엔, 어린이 500엔

(숙박)　초대형 숙박시설부터 아담한 료칸, 민박 등 다양한 숙소가 있다. 1박 2식 1인 요금은 8,000~40,000엔 정도이다.

다마노유 http://www.tamanoyu.biz/

다키노야 http://www.takinoya.co.jp

미야도 시미즈야 http://www.kiyomizuya.co.jp

하나야 http://www.kashoutei-hanaya.co.jp

하나유라 http://hanayura.com

로테이 하나유라 www.hanayura.co

지옥계곡에서 분출되는 온천수.

아이누 족 전통의상을 입고 있다.

아오모리현과 아키타현에 걸쳐 있는 도와다 호수(十和田湖)를 배경으로 한 도와다 온천은 호수와 숲을 배경으로 온천욕을 즐길 수 있는 낭만적인 곳이다. 둘레 44킬로미터 수심 326미터에 달하는 도와다 호수는 화산으로 만들어진 전형적인 칼데라 호수다. 아름다운 도와다 호수는 계절마다 많은 여행객이 찾는데, 특히 빼놓을 수 없는 것이 온천이다. 너도밤나무 숲으로 둘러싸인 도와다 온천은 봄의 신록을 배경으로한 온천욕도 좋고, 눈으로 덮인 겨울숲을 감상하며 즐기는 온천욕도 좋다.

　　도와다 온천은 료칸과 민박, 호텔들의 아담한 온천탕에서 호젓하게 온천을 즐길 수 있는 것이 특징이다. 마을을 산책하며 여러 온천을 순례하는 온천 마을 같은 분위기는 아니지만 깨끗한 자연 속에서 온전히 혼자만의 시간을 즐기기에 더 없이 좋다.

　　교통편이 불편한 것을 감수하고 도와다 온천을 찾는 것은 무엇보다 청정한 자연을 맘껏 즐기며 온천욕을 할 수 있다는 것과, 수려한 호수와 산, 계곡을 따라 산책하는 즐거움 때문이다. 유람선을 타고 아름다운 호수를 구경하거나, 흰 눈으로 덮인 너도밤나무 숲과 고니가 노는 호수 주변을 산책하고 따뜻한 온천물에 몸을 담그면 도시에서 받은 마음과 몸의 독소가 빠져나가 디톡스 되는 듯한 기분이 든다. 특히 이른 아침과 저녁 무렵 호수에 비치는 풍광을 감상하며 즐기는 온천욕을 추천한다. 온천 여행의 진수를 느끼기에 부족함이 없다.

(가는 길) 항공 : 인천 – 아오모리 공항(2시간 20분 소요)

버스 : 아오모리 공항 – 아오모리역(버스로 35분 소요, 860엔) –

도와다역(12월~3월 버스 운행, 2시간 50분, 3,090엔)

기차 : 신칸센을 이용할 경우 하치노헤역(八戶駅)서쪽 출구 – 도와다역(2시간

30분 소요, 3,050엔)

(숙박) 도와다 호수 주변에는 10여 곳의 숙박 시설과 온천탕이 있다. 겨울에는

휴업하는 숙소가 있음으로 방문자 센터에서 꼭 확인해야 한다. 기타 상세한

정보는 국립공원협회 홈페이지 www.towadako.or.jp 참고

신잔테 http://www.shinzantei.co.jp

도와다소 http://www.towadaso.co.jp

봄산장 http://www.syunzansou.com

아오모리 여행정보 www.aomori–tourism.com/kr (한글지원)

큐슈 중동부에 위치한 오이타현(大分県)은 일본을 대표하는 온천지역이다. 유후인, 나가유 온천 그리고 자타가 인정하는 벳푸 온천(別府溫泉)이 있다. 관문격인 벳푸역과 항구 사이에는 다케가와라 온천(竹瓦溫泉)을 비롯해 시내와 해변, 산간지역 도시 전체에 크고 작은 온천 호텔과 료칸 등의 숙박시설이 수백 곳에 달한다. 벳푸 온천은 해발 1,375미터의 츠루미다케와 해발 1,045미터의 가란다케 등 2,800곳이 넘는 곳에서 용출되는 온천수가 매일 14만 톤에 달한다. 원천수가 다양한 만큼 온천수 성분도 풍부하고 섭씨 50~100도에 이르는 등 다양한 온천수가 자랑이다.

용출지와 용출량이 많아 지역마다 다양한 온천탕과 숙박시설이 개발되었고, 규모가 커 8개 지역으로 분류하고 있다. 대표적인 곳이 근육통, 관절염, 만성피부염 등에 효능이 좋은 벳푸 온천, 아토피 치료에 뛰어난 진흙 섞인 묘반(明礬) 온천, 탕치 온천으로 개발된 하마와키(浜脇) 온천, 모래찜질을 할 수 있는 칸나와(鉄輪) 온천 등 저마다 특징과 자랑거리를 지니고 있다. 또 하나 빼놓을 수 없는 곳이 지옥 온천이다. 붉은 점토가 분출하여 온천수가 핏빛으로 보인다는 피지옥, 40분마다 온천수가 용솟음치는 회오리, 온천수가 선명한 코발트 블루인 바다 지옥 등 8개의 온천탕은 온천 왕국의 진면목을 느끼게 한다.

(가는 길)　항공 : 인천 – 오이타 공항(1시간 10분 소요), 인천 – 후쿠오카 공항
　　　　　　버스 : ① 오이타 공항 — 벳푸행 특급 버스로 51분 소요 1,500엔
　　　　　　② 후쿠오카 공항 – 벳푸행 고속버스 1시간 50분 소요 3,250엔

(온천)　　다케가와라 온천(竹瓦溫泉) : 100년 역사를 자랑하는 공동온천탕으로 요금
　　　　　　300엔
　　　　　　벳푸 이치노이데회관 : 식사와 온천욕을 동시에 즐길 수 있다. 식사포함 1,500엔
　　　　　　묘반 온천 : 우유색 노천탕으로 낭만적인 분위기. 성인 600엔, 청소년 300엔
　　　　　　칸나와 시영 온천 벳부 해변 스나유 : https://www.city.beppu.oita.jp/seikatu/
　　　　　　성인 1,030엔
　　　　　　벳부 지옥탕 순례 입장권 450엔, 7개 코스통합권 입장료 2,200엔
　　　　　　상세 정보는 http://www.beppu-navi.jp 참고

(숙박)　　약 300곳에 달하는 숙박시설이 있으며 료칸의 경우 초대형 료칸부터 아담한
　　　　　　료칸까지 다양하며 가격은 8,000~60,000엔 수준이다.
　　　　　　료우테이 마쓰바야 http://matsubaya.cc
　　　　　　벳푸 쇼와엔 http://www.beppu-showaen.jp
　　　　　　세이카이 http://www.seikai.co.jp
　　　　　　야마다 별장 http://yamadabessou.jp
　　　　　　유메사키 http://www.yumesaki-beppu.jp

오카모토야 료칸
주소 : 오이타현 벳푸시 묘반 4조
홈페이지 : http://www.okamotoya.net
연락처 : 0977 66 3228
팩스 : 0977 66 3800
객실 형태 : 화실 16실
객실 요금 : 1박 2식(조·석식) 1인 기준 20,000~40,000엔
온천탕 : 남녀 실내탕 2개, 남녀 노천온천탕
체크인, 아웃 : 15:00, 10:00
찾아가기 : 벳푸역에서 택시로 15분, 버스로 30분

가고시마현
사쿠라지마 후루사토 온천

큐슈 서남쪽에 자리한 가고시마현(鹿児島県)을 상징하는 이미지 중 하나는 하얀 연기를 분출하고 있는 활화산일 것이다. 가고시마시(市)에서 약 4킬로미터 거리의 사쿠라지마에는 세계적인 활화산 온다케(御岳) 아래 후루사토 온천(古里温泉)이 있다. 후루사토 온천지역에서 최고 온천탕은 후루사토 관광호텔이 운영하는 노천탕 류진(龍神)이다.(2013년 2월 현재 휴관중임)

　　　'일본의 나폴리'라 불리는 긴코만(錦江灣)에 위치한 류진 노천탕은 눈앞에 펼쳐진 망망대해와 흰 연기가 뿜어져 나오는 화산을 바라보며 온천욕을 할 수 있다. 바위로 주위를 꾸며 놓고, 탕 안쪽에는 작은 신사도 있어 종교적인 신성감이 흐른다. 나트륨과 탄산수소염이 조금 포함된 단순온천수이고, 피로회복이나 신경통, 요통, 근육통, 관절염, 오십견, 피부병 등에 효능이 있다고 한다. 섭씨 34~35도 정도로 온도는 낮은 편이나, 바다 전망은 더 없이 좋다. 온천수에 몸을 담그고 드넓은 바다를 지긋하게 바라보는 것도 좋고, 일몰 풍광도 더 없이 멋있다. 류진탕은 남녀 혼욕탕이지만 가운을 입고 들어가기에 부담은 없다. 그러나 안타깝게도 후루사토 관광호텔이 2012년 가을 파산에 들어가서 새로 오픈하기까지는 시간이 걸릴 듯하다. 사쿠라지마 방문자 센터 옆에는 레인보우 마그마 온천이 있고, 조금 떨어진 곳의 시라하마 온천도 이용할 수 있다. 페리터미널에서 사쿠라지마 순환버스를 타고 유노하라 전망대, 아카미즈 공원 등을 둘러보는 것도 좋다.

(가는 길) 항공 : 인천 – 가고시마 공항(1시간 20분 소요)

버스·배편 : 가고시마 공항 – 가고시마 페리 터미널(버스로 40~60분 소요),

가고시마 페리터미널 – 사쿠라지마(15분 소요), 후루사토 온천까지 무료 셔틀

운행(10분 소요)

(온천) 후루사토 류진 노천탕 : 성인 1,050엔, 어린이·청소년 525엔.(2013년 2월 현재

휴업중)

스파랜드 라라라 http://www.spa-rarara.com

상세 정보 www.kagoshima-kankou.com/kr/(한글지원)

(숙박) 후루사토 온천지역에 4곳의 숙박시설이 있다.

후키아게소 http://www.fukiagesou.jp

나가하라 별장 www.nakahara-bessou.co.jp

천문관 http://www.gatein.jp

스키노야도 야카쿠데이 www.yakakutei.com/ko(한글지원)

츠미쿠사노야도 고마츠 : www.kyushuisland.com/ko

옛 신사 터를 이용한 후루사토 관광호텔에서
운영하고 있는 류진 노천탕.

낭만적인 류진 노천탕은 마치 바다에 떠있는 듯하다.

마츠모토의 상징이자 일본 3대 성의
하나인 마츠모토 성.

나가노현
아사마 온천

나가노현 아사마(浅間) 온천은 마츠모토(松本) 시내에 위치한 도심 온천이다. 일본 3대
성으로 꼽히는 마츠모토 성 근처에 위치한 이곳은 1,000년 역사를 자랑한다. 북알프스처럼
멋진 풍광을 구경하려고 오는 온천 여행객도 많지만 시민들이 많이 찾는 곳이다.

아사마 온천은 특별한 성분이 포함되지 않은 단순한 온천수로, 섭씨 50도에 달하는
온천수는 뜨거우나 일상의 피로를 풀거나 산행을 마친 후 근육을 푸는데 더 없이 좋다.
에도 시대에는 류머티즘, 소화불량, 상처에 탁월한 효능이 있다고 알려져 마츠모토 영주와
무사들이 많이 찾았다고 한다. 아사마 온천은 도심에 있지만 아담한 산으로 둘러싸여 있어
시골 온천 분위기를 느낄 수 있다. 대중온천탕인 비와노유(枇杷の湯)를 중심으로 여러
온천탕이 있어 온천 순례를 즐길 수 있다.

오랜 역사를 자랑하는 만큼 수백 명을 수용하는 대형 숙박시설과 고급 료칸, 소박한
료칸 등 여러 숙박시설이 있다. 어느 곳이라도 편안한 서비스를 제공하기 때문에 규모나
가격에 크게 고민하지 않아도 된다. 고급 료칸은 서비스와 요리의 수준도 높지만 부담스럽지
않은, 편안한 서비스가 특징이다.

(가는 길) 항공 : 인천 – 나리타, 하네다 공항(2시간 10분 소요), 인천 – 간사이 공항
기차 : 도쿄 신주쿠역 – 마츠모토역(JR 중앙 본선 특급 이용 2시간 38분 소요)
신오사카역 – 마츠모토역(JR 도카이도 신칸센·중앙 본선 특급 이용 3시간)
버스 : 마츠모토역 – 아사마 온천회관(시내버스로 20분)

(온천) 시민들이 많이 찾는 온천답게 온천조합에서 운영하는 대중온천탕과 개방
온천탕이 여러 곳 있다.
우타세유 : 거품온천욕을 즐길 수 있는 대중온천탕.
아사마 온천회관 : 다양한 온천을 즐길 수 있는 대중온천탕.
비와노유 : 인기가 높은 대중온천탕.

(숙박) 아사마 료칸조합에 등록된 숙박시설은 20여 곳이다.
기쿠노유 http://www.kikunoyu.com
오노우에유 http://www.onouenoyu.co.jp
후지노유 www.fujinoyu.com
히가시이시가와 http://www.higashiishikawa.co.jp
마츠모토주조 www.matsumotojujo.com
메노유 www.menoyu.jp
오야도산스이 www.sansui-hirugami.jp
상세 정보는 아사마 온천 홈페이지 참고.
(http://www.asamaonsen.com)

기쿠노유 료칸

아사마 온천의 내탕

아오모리현
오이라세 계류 온천

일본 최고 계곡으로 일컫는 오이라세(奧入瀨)는 아오모리현(靑森県) 도와다 호수에서
흘러나온 오이라세 강이 네노구치(子ノ口)에서 야케산(燒山)까지 약 14킬로미터에 이르는
계곡을 말한다. 노송나무, 너도밤나무, 단풍나무 등의 원생림과 계곡을 흘러내리는
변화무쌍한 물줄기는 크고 작은 14개의 폭포를 만들어 멋진 풍광을 자랑한다. 도와다 호수와
함께 아오모리현의 특별 명승지이자 천연기념물로 지정된 이 곳에 호시노 그룹이 운영하는
오이라세 계류 호텔이 있다. 이 호텔의 노천탕에서 아름다운 숲과 계곡의 풍광을 바라보며
온천욕을 즐길 수 있다.
　　　　푸른 숲과 이끼 가득한 계곡을 즐기려면 5월이 좋고, 단풍으로 물든 계곡을 보며
온천을 즐기기에는 가을도 좋다. 과거 고마키 그룹에서 운영할 때만 해도 연중 문을 열어 겨울
설원의 노천욕을 즐길 수 있었지만, 호시노 그룹으로 넘어가면서 11월 말부터 4월 초까지
휴업이라 설원의 온천욕은 어렵게 되었다. 한때는 일본 최고 온천으로 꼽히던 이곳은, 숲과
계곡을 감상할 수 있는 넓은 내탕과 노천탕이 있다. 단순 온천수로 피로회복에 좋다. 온천
수질이나 효능만 비교하면 유명 온천에 미치지는 못하지만, 숲과 계곡으로 둘러싸인 야외
노천탕에서 온천을 즐길 수 있다는 것만으로도 몸과 마음이 힐링된다.

(가는 길) 항공 : 인천 – 아오모리 공항(2시간 20분 소요)

버스 : 아오모리 공항 – 아오모리역까지 35분 소요

무료 셔틀버스 : 신아오모리(新青森)역(13:45 출발) – 호텔 리조트(15:30 도착) /

JR 하치노헤(八戶)역(13:15 출발) – 호텔 리조트(15:00 도착)

*상세정보는 홈페이지 참고 http://kr.aptinet.jp(한글지원)

호시노 오이라세계류 호텔

주소 : 아오모리현 도와다시 오아자 오이라세 231

홈페이지 : http://www.hoshinoresorts.com/ko

연락처 : 0176 74 2121

객실 형태 : 화실, 양실

객실 요금 : 1박 2식(조·석식) 1인 기준 8,000~16,500엔

온천탕 : 대욕장, 노천탕, 대여 가족탕

체크인, 아웃 : 15:00, 12:00

오이라세 계류 지역에 유일하게 자리한 호시노 오이라세 계류 온천의 노천탕.

요나고 카이케 온천에 위치한 전통 료칸의 정원.

돗토리현(鳥取県) 요나고(米子)는 작은 항구도시지만, 공항, 철도, 항구까지 두루 갖춰 산인지방의 오사카로 불린다. 돗토리현의 상징인 웅장한 다이센(大山)과 히노 강(日野川), 유미가하마 반도(弓ヶ浜半島)가 어우러진 요나고의 풍경은 도시보다 낭만적인 시골에 더 가깝다. 유미가하마 반도를 따라 요나고 카이케 온천(皆生温泉)이 자리하고 있다. 1900년 메이지기에 어부가 바닷가에서 온천수를 발견한 것을 시작으로, 주민들이 카이케 해변지역을 개발한 것이 지금의 온천으로 발전하였다.

카이케 온천수는 염화나트륨, 칼슘을 포함한 약알칼리성 온천수로 우수한 보습성과 피부미용에 효능이 입증되어 여성들에게 인기가 높다. 19개의 원천수에서 하루 6,500톤이 용출되는데, 수질은 같지만 온도는 섭씨 63~83도로 다르다. 염화나트륨과 칼슘을 포함한 온천수는 미용효능 외 소화기능과 류머티즘, 신경통과 피부병, 만성부인병, 피로회복 등에도 효과가 뛰어나다고 한다.

주변 풍경이 아름다운 카이케는 온천 100선, 해수욕장 100선에 선정되기도 하였다. 주변이 해송으로 둘러싸여 있어 온천과 피크닉을 즐기려는 이들에게도, 여름 해수욕과 온천을 하려는 이들에게도 인기가 높다.

(가는 길) 항공 : 인천 – 요나고 공항(1시간 10분 소요)

버스 : 요나고 공항 – 카이케 온천(30분 소요)

(온천) 요나고 카이케 온천에는 료칸의 온천탕 외에도 약 20곳의 온천탕을 유료로

개방한다. http://www.kaike-onsen.com/(한글지원)

(숙박) 카이케 온천지역에는 30여 곳에 달하는 료관과 호텔 등이 있다.

우라시마 https://hpdsp.jp (한글지원)

미쓰이 http://www.kaikeonsen.co.jp/mitsui

이코이테이 기쿠만 http://www.kikuman.com

가이초엔 http://www.kaichoen.net

츠루야 http://www.kaiketuruya.co.jp

가스이테이 www.kaikeonsenkasuitei.jp

더 자세한 정보는 홈페이지 참고

http://www.yonago-navi.jp, http://www.yonago-navi.jp/ko/(한글지원)

카이케 온천에 위치한 료칸의 휴식공간으로 저마다 독특한 분위기를 갖추고 있다.

야마가타현
유노하마 온천

야마가타현(山形県) 쇼나이 해안에는 흥미로운 전설이 전해 내려오는 유노하마
온천(湯野浜温泉)이 있다. 내륙지역의 유서 깊은 온천들은 스님이나 학이 온천을
발견하였다는 전설이 많이 전해오는데, 유노하마는 해안 온천과 어울리는 거북이가 온천지를
알려주었다고 한다. 11세기, 어부가 모래 속에 있는 거북이를 발견하고 그곳을 파보니
온천수가 솟았다는 전설이다.

거북이 탕인 카메노유(亀の湯)에서 유래된 유노하마 온천은 넓고 깨끗한 해변을
따라 길게 터를 잡고 있다. 와카야마현 시라하마 온천보다는 규모가 작지만 유노하마도
온천을 중심으로 해수욕과 관광 복합 리조트의 기능을 하고 있다. 바닷가 여느 온천처럼
염화나트륨과 염화칼슘이 포함된 온천수는 섭씨 56~57도 수준이며, 습진, 화상, 피부병은
물론 신경통, 류마티즘, 만성 부인병 등에 효능이 뛰어나다고 한다.

바닷가 온천은 아름다운 바다와 석양을 감상할 수 있다는 점이 무엇보다 좋다.
유노하마는 일몰이 아름답기로 특히 유명한데, 객실 온천탕에서 환상적인 일몰을 감상할 수
있다. 편안한 산책을 즐길 수 있는 해변과 골목, 멋진 석양 온천욕을 즐기고 싶다면, 유노하마
만큼 좋은 곳도 없다.

(가는 길)	항공 : 인천 - 센다이 공항(2시간 10분 소요)
	버스·기차 : 센다이 공항 - 야마가타역(버스 1시간 35분) - 츠루오카역(기차 55분) - 유노하마 온천(버스 40분)
(온천)	공동온천탕 2곳과 무료 족탕, 각 료칸에서 개방하는 온천탕이 있다. 상세정보는 홈페이지 참고. http://www.yunohamaonsen.com
(숙박)	전통 료칸을 중심으로 대형 리조트 등 약 30곳에 달하는 숙박시설이 있다. 가메야 http://www.kameya-net.com 구헤에 www.kuheryokan.com 유스이테이 이사고야 http://www.isagoya.com

사방에서 바다를 조망할 수 있는
유노하마 뷰 유미노 호텔.

드넓은 해변에 자리한 유노하마 온천의 숙박시설.

가루이자와 호시노 온천

나가노현 가루이자와(軽井沢)는 도쿄 부호들의 별장지로 유명하다. 맑고 깨끗한 환경을 배경으로 조성된 10개가 넘는 골프장과 기차역에 붙어 있는 스키장, 아름다운 호수와 폭포, 근대문화의 흔적까지. 다양한 여가 공간을 갖춘 가루이자와에 온천이 추가되면서 여유로운 휴식을 즐기려는 방문객을 끌어 들이고 있다.

가루이자와에서 온천은 호시노 온천(星野溫泉)이 유일하다. 1915년 처음 문을 열었고, 몇 해 전에는 료칸 입구에 대중온천탕인 톰보노유(トンボの湯)를 개장하였다. 호시노야 가루이자와(星のや 軽井沢)를 상징하는 톰보노유는 남녀 각각 노천탕과 내탕으로 구성되어 있다. 청정한 자연경관과 세련된 실내의 온천탕, 탄산수소가 조금 포함된 투명한 온천수로 인기가 높다. 아사마산(浅間山)에서 용출되는 원천수는 섭씨 45도지만 온천탕에 공급되는 온천수는 섭씨 39도로 조금 따뜻한 정도이고, 피부미백 효과가 있다고 한다. 근육통, 고혈압, 당뇨병 등 같은 성인병에 효능이 탁월하다.

호시노야 료칸 온천은 고풍스러운 분위기의 전통 료칸이 아니라 숲으로 둘러싸인 청정한 자연경관의 현대적인 료칸이다. 그러나 개인 프라이버시를 최우선으로 하여 별장식 독립 구조의 객실이어서, 고급 리조트처럼 보인다. 호시노야 온천에는 〈나호코〉와 〈대성가족로〉 등을 쓴 소설가 호리 타츠오(堀辰雄)와 키타하라 하쿠슈(北原白秋), 요사노 아키코(与謝野晶子) 등 문인과 예술가들이 많이 찾았던 온천으로 알려져 있다.

(가는 길)   항공 : 인천 – 하네다, 나리타 공항(2시간 10분 소요)

기차 : 도쿄역 – 가루이자와행 신칸센(1시간 10분 소요)

시내버스 15분, 택시 10분 소요

무료 셔틀버스 : 가루이자와역 남쪽 출구 호시노야 료칸 셔틀버스로 15분

(온천)   숙박객은 대욕탕, 노천탕, 사우나, 냉탕 등 자유롭게 이용 가능. 당일 온천객은
톰보노유 유료 1,200엔

(숙박)   유명 휴양지인 가루이자와에는 다양한 숙박시설이 있으며 온천이
가능한 호시노야 료칸 외 여러 료칸이 있다. 요금은 1박 2식 1인 기준으로
10,000~40,000엔 정도이다.

시미즈야산소 http://www.karuizawa.jp/~simizuya

츠루야 http://www.tsuruyaryokan.jp

유스게 http://www.karuizawa.jp/~yuusuge

이지다야 http://www.karuizawa.jp/~ichidaya

상세 정보는 홈페이지 (http://karuizawa-kankokyokai.jp) 참고

호시노 가루이자와

주소 : 나가노현 가루이자와마치 호시노

홈페이지 : http://www.hoshinoyakaruizawa.com(한글 지원)

연락처 : 050 3786 0066

객실 형태 : 산, 강, 정원을 조망하는 독립형 객실(양실)

객실 요금 : 1박 1인 기준 20,000~40,000엔(식사별도 요금)

체크인, 아웃 : 15:00, 12:00

온천탕 : 실내탕, 사우나, 릴랙스 룸, 톰보노유(대욕장, 노천탕, 사우나 등)

가나가와현
하코네 온천

도쿄 서쪽에 위치한 가나가와현(神奈川県)에는 누구나가 인정하는 최고 휴양지 하코네
온천(箱根温泉)이 있다. 하코네는 하코네 국립공원의 기슭과 중턱, 아시노코 호수에
이르기까지 유명 온천 마을만도 17개가 되는 대규모 온천 휴양지이다. 화산지대에 조성되어
있어 다량의 유황을 포함하고 있으며, 온천 마을과 료칸마다 소량의 탄산수소염이 포함된
온천수 등 원천수 종류가 다양한 것으로 유명하다. 섭씨 35~90도로 다양하고, 성분이 달라
온천욕의 선택의 폭이 넓은 반면, 너무 다양해 선택하기 어려운 점도 있다. 피로회복, 신경통,
류머티즘, 부인병, 각종 성인병에 효과가 있다고 한다.

최근 온천 여행의 트렌드는 전통 있고 유명한 온천 마을에서 시골의 작은 온천마을로
옮겨가고 있다. 그러나 아직도 일본 온천과 료칸하면 첫 손에 하코네를 꼽는다. 특히
서양인에게 하코네 온천의 위상이 높다. 빼어난 자연경관과 이곳을 거쳐간 명사들, 극진한
서비스를 제공하는 온천 료칸이 하코네의 위상을 쌓아왔다.

흰 연기를 품어 내는 활화산 오와쿠다니(大通谷)와 일본의 상징 후지산을 조망할 수
있는 들판, 아시노고(芦の湖) 호수의 멋진 유람선은 하코네의 자랑거리이다. 하코네는 일본이
개방한 후 최초로 호텔이 섰고, 외국인 전용 호텔이 있어서 유독 거쳐간 유명인사들이 많다.
에도 시대 이후 일본 왕족부터 유명 문학가, 예술가, 사상가, 찰리채플린, 존 레논과 오노 요코
등. 도쿄와 비교적 가깝고, 각 지역의 료칸들이 편안한 서비스를 제공하는 것으로 널리 알려진
것도 하코네를 많이 찾는 이유이다.

(가는 길) 항공 : 인천 – 하네다, 나리타 공항(2시간 10분 소요)
        기차 : JR 도쿄역(신칸센 히카리& 고다마) – 오다와라역, 오다큐센(小田急線)
        환승 – 하코네 유모토역(箱根湯線). 경유시간 포함 약 2시간 소요
        버스 : 도쿄 신주쿠 서쪽 출구 – 가루이자와. 오다큐 버스로 2시간 10분~2시간
        20분 소요

(숙박) 휴양지 하코네에는 고급 료칸이 즐비하다. 1박 2식 기준 1인당 20,000~111,000엔
        수준으로 다양하다.
        료칸조합 홈페이지 www.hakone–ryokan.or.jp
        세츠게츠카 : https://dormy–hotels.com/ko/resort/hotels/setsugetsuka
        스이소엔 http://www.hakonesuishoen.jp
        무사시노 별관 http://www.musasino.net
        하코네 긴유 http://www.hakoneginyu.co.jp
        호에이소우 http://www.hoeiso.jp
        반학루 www.bangakuro.com
        유신테이 https://yushintei.co.jp
        하코네나나 www.hakonenanase.com
        고라칸수루 www.gourakansuirou.co.jp
        더 자세한 정보는 홈페이지(http://www.hakone–korean.com) 참고

후지야 호텔(富士屋ホテル) 하나고덴(花御殿)
주소 : 카나가와현 아시가라시모군 하코네마치 미야노시타 359
홈페이지 : http://www.fujiyahotel.jp
연락처 : 0460 82 3311
객실 형태 : 양실
객실 요금 : 1박 2식(조·석식) 1인 기준 28,500엔~
체크인, 아웃 : 15:00, 11:00

온천과 료칸 Q&A

♦ 온천이란?

온천의 정의와 기준은 무엇일까? 일본에서 1948년 제정된 온천법에 따르면 다음과 같다.

1. 땅에서 용출되는 원천의 수온이 섭씨 25도 이상(25도 이하는 냉천 또는 광천이라 부른다.)

2. 탄화수소, 라돈이나 라듐염, 중탄산소다, 유황, 수소이온, 불소이온, 리튬이온 등 고시된 19종류의 성분 중 1개 이상이 포함된 온천수를 말한다.

즉, 땅속에서 용출되는 25도 이상 물에 19종류의 물질 중 한 종이라도 들어있다면 온천이라 부른다.

온천에는 화산성 온천과 비화산성 온천이 있는데, 일본의 온천은 화산성이다. 지표 근처에 마그마가 상승하며 마그마 웅덩이를 만드는데 그때 1000도 이상의 고온이 된다. 지표에 내린 비 등이 지하로 스며들면서 마그마 웅덩이의 열로 덥혀지게 된다. 이 뜨거운 물이 땅으로 솟아나거나 인공적인 시추에 의해 뿜어 올린 것이 화산성 원천(源泉)이다. 지역에 따라 마그마 가스 성분이나 열수용액이 섞이거나 암석의 성분이 녹아 특유의 온천 성분을 만든다.

온천이 몸에 좋은 이유는?

온천은 땅에서 솟아나오는 자연의 축복이다. 동서고금을 막론하고 인류는 여러 종류와 형태로 온천을 이용하여 왔다. 현대의 온천요법은 하루이틀 온천지에 나와서 일상의 피로를 씻고 몸도 마음도 개운하게 하는 휴양형, 아무것도 하지 않고 수 주간 온천지에 머물면서 건강증진을 도모하는 보양형, 만성적인 지병의 치료를 위해 장기간 온천지에서 체류하며 치료에 전념하는 요양형 3가지로 구분할 수 있다. 온천요법의 효능은 크게 다음과 같다.

○온열작용 : 몸이 훈훈해지는 온열효과는 혈액순환을 좋게 하고, 신진대사를 활성화시킨다. 근육통, 관절통에도 효과가 있고, 통증이 심한 경우 약물치료와 온천요법을 병행하면 통증도 가벼워지고 복용하는 약의 양을 줄일 수도 있다. 이처럼 온천요법은 약물치료를 보완한다.

○물리작용 : 부력 기능으로 체중 부하를 감소시킨다. 그 작용을 이용하여 재활도 행해진다. 또한 수압에 의한 말초순환을 개선하여 부종을 개선시킨다.

○종합적 생체조정작용 : 여유로운 자연환경의 온천지에서 지내다 보면 몸과 마음의 스트레스가 날아가고 힐링 효과가 있다. 온열작용, 물리작용, 종합적인 생체조정 작용은 온천의 수질에 관계없이 보편적으로 인정되는 효능이다.

일본 온천과 유럽 온천은 어떻게 다른가?

일본 온천은 화산성이다. 비 등이 침수해서 지하수가 화산 마그마에 의해 따뜻해져 지표에 저절로 뿜어져 나오거나, 지표 가까이 굴착해서 용출되도록 한다. 심도는 비교적 얕고, 농도는 엷다는 특징이 있다. 일본인에게 온천은 일상의 한 부분이다. 단순한 입욕과 온천욕 외에도 기포욕, 운동욕, 수중마사지욕, 족욕, 혹은 반신욕 등 다양하다. 뿐만 아니라 온천 증기를 이용하여 호흡기 질환을 치료하는 등 각종 질환에 활용되고 있다. 그러나 일상생활에서 전신입욕이라는 습관이 일본만큼 정착되지 않은 유럽에서는 입욕도 하지만 음용이나 흡입이 많다. 그리고 일본의 온천에 비해 저온이고 함유 성분도 진하다.

💧 탕치란 무엇인가?

온천을 이용해 병이나 상처의 증상 등을 치료하는 것을 '탕치'라고 한다. 의학에서는 '온천요양'이라고 한다. 일본의 온천 역사는 오래 되어, 나라시대의 〈일본서기〉나 〈만엽집〉 등에 효고현 아리마 온천, 에히메현 도고 온천, 와카야마현 시라하마 온천에 관한 기록이 남아있다. 〈만엽집〉에도 가인 이시카와 묘부가 아리마 온천에 병 치료차 요양하였다는 기록이 있어 일찍이 '탕치'가 행해지고 있었다는 것을 알 수 있다. 천황의 온천행사 등의 기술이 눈에 뜨이는 것도 흥미롭다.

헤이안 시대 말기부터 전국시대에 걸쳐 전국적으로 탕치가 알려졌다. 에도 시대가 되면서 탕치 문화가 더욱 발달하여 온천의학 책이 출판되고, 의학과 온천은 밀접한 관계를 가지게 되었다. 여행의 자유가 없던 농민들에게도 유일하게 사원참배와 요양을 위해 탕치(湯治)가 인정되었다고 한다. 탕치는 지금도 동북지방인 아오모리현, 이와테현, 아키타현 등 산간지방을 중심으로 행해지고 있다.

💧 노천탕을 최고로 꼽는 이유는?

일본의 온천은 대부분 산간이나 해안, 계곡에 있기 때문에 온천의 주위 환경에 따라 매력은 배가된다. 사계절의 변화가 확실한 일본은 계절에 따라 봄에는 벚꽃, 여름에는 신록, 가을에는 단풍, 겨울에는 눈, 시시각각 변하는 풍경을 감상하며 노천온천을 동시에 즐길 수 있다는 것이 가장 큰 자랑이자 특징이다.

노천탕(露天風呂)은 온천의 원풍경이라 할 수 있다. 자연의 온천에 욕조를 정비한 것이 온천탕의 시작이다. 경치를 바라보며 더운 물에 몸을 담그면 해방감을 맛볼 수 있고, 실내탕처럼 열이 가득 차는 일도 없어 더욱 상쾌하다. 많은 료칸들은 실내탕뿐만 아니라 노천탕을 갖춘 경우가 많다. 현대에 와서는 얼마나 자연 친화적인 노천탕을 완비하였는지에 따라 료칸의 인기도가 달라질 정도로 노천탕의 인기가 높다.

💧 온천 어음, 뉴데카타?

유명 온천 중에는 대중 온천탕과 료칸 등의 숙박시설을 중심으로 음식점과 기념품점, 관광시설 등이 모여 독자적인 마을을 형성한 온천 마을이 많다. 가나가와현의 하코네 온천과 군마현의 쿠사츠 온천, 기후현의 게로 온천, 효고현의 기노사키 온천 등이 대표적인데, 요양이나 관광을 목적으로 오는 일본인들은 물론이고 해외 여행객들도 많이 찾는다.

온천 마을에는 원천수가 다양한 여러 대중 온천탕이 있어 누구나 온천 순례의 즐거움을 만끽할 수 있는데, 보다 손쉽게 여러 온천을 경험할 수 있도록 한 것이 바로 온천 어음이라 불리는 '뉴데가타(入湯手形)'이다. 구로카와 온천이 대표적이며, 기노사키 온천, 게로 온천, 시부 온천 등에서 이런 독특한 대중 온천 순례가 가능하다. 일정 금액을 내고 온천 자유이용권과 비슷한 온천 어음을 구입할 수 있다. 이를 활용해 대중탕과 당일 온천객에게 오픈하는 료칸의 온천탕을 경험해 볼 수 있다. 유효기간은 당일 혹은 6개월, 1년으로 정해져 있어 기간 내에 언제라도 횟수만큼 온천을 즐길 수 있다.

🌢 온천수의 색이 다른 까닭은?

무색의 투명한 온천도 좋지만, '색'을 띠는 온천은 신비한 기운이 느껴진다. 갈색이나 코발트색, 유백색 등 '색'을 띤 온천탕에 몸을 담그면 온천 경험은 더욱 특별해지기 마련이다. 일본에는 흰색, 회색, 검은색, 갈색, 붉은색, 푸른색, 녹색 등 다양한 색의 온천이 있다. 이처럼 풍부한 '색'의 온천을 가진 나라도 드물다. 온천의 수질이나 효능, 원천수의 온도에 따라 온천을 즐기는 사람도 많지만, '색'을 테마로 온천을 즐기는 것도 색다른 재미이다.

온천수의 색은 함유한 화학성분과 양에 따라 달라진다. 선명한 녹색의 뉴토 온천은 유황성분에 의해, 오이타현 벳푸온천(別府溫泉)은 다양한 광물질이 녹아 붉은색, 파란색 등 8가지 다른 색을 띠는 온천수가 있다. 철분을 함유한 온천은 갈색을 띠는데, 효고현의 아리마 온천(有馬溫泉)은 킨노유(金湯)로 유명하다. 나가노현의 고시키 온천(五色溫泉)은 '5가지 색깔의 온천'이라는 이름처럼 기온이나 날씨에 따라 다양한 색으로 변한다.

🌢 온천 종류와 효능?

온천은 각종 광물을 포함하고 있는 경우가 많아서 온천에서 목욕을 하면 여러 가지로 건강에 도움이 된다. 온천수에 포함된 광물의 성분에 따라 크게 9종류로 분류하고 있다. 다음은 온천 종류에 따른 효능이다.

　　단순 온천

1. 온천수 1kg 중의 용존물질량(가스성 제외)이 1,000mg에 못 미치고, 용출시의 25℃ 이상의 것이다. pH 8.5 이상을 알칼리성 단순 온천이라 한다. 촉감이 부드럽고, 피부에

자극이 적은 것이 특징이며, 피부에 닿으면 매끈매끈한 감촉이 있는 것이 특징이다. 고령자, 허약자, 혈액순환, 병후회복, 불면에 좋고 신경계통, 관절염, 골수염, 염좌, 근염, 피부병에 좋다.

2. 이산화탄소천

온천수 1kg 중 유리 탄산(이산화탄소)을 1,000mg 이상 포함하고 있다. 입욕하면 전신에 탄산 거품이 생겨 상쾌함이 느껴진다. 일본에서도 비교적 적은 샘질로, 오이타현 나가유 온천이 유명하다. 음용수로도 좋고, 신진대사, 식욕증진, 빈혈에 좋다.

3. 탄산수소식염천

온천수 1kg 중 탄산수소이온(HCO_3-)이 1,000mg 이상 녹아있다. 양이온의 주성분에 의해, 나트륨 탄산수소식염천, 칼슘 탄산수소식염천, 마그네슘 탄산수소식염천 등으로 분류된다. 나트륨 탄산수소식염천은 와카야마현 카와유 온천, 나가노현 오타니 온천 등이 있다. 근육통, 관절통, 타박상, 베인 상처, 만성 피부병에 좋다.

4. 염화물천

온천수 1kg 중에 염소 이온($Cl-$)이 1,000mg 이상 녹아있다. 일본 온천에서 많이 볼 수 있는 샘질로, 양이온의 주성분에 의해, 나트륨 염화물샘, 칼슘 염화물샘, 마그네슘 염화물샘 등으로 분류된다. 염분이 주성분이어서 마시면 짜고, 염분 농도가 진한 경우나 마그네슘이 많아지면 씁쓸하게 느껴진다. 나트륨 염화물샘은, 시즈오카현 아타미 온천, 이시카와현 카타야마즈 온천 등 많은 온천지에서 볼 수 있다. 근육통, 관절통, 타박상, 염좌, 만성 부인병 등에 좋다.

5. 유산 염천

온천수 1kg 중에 황산이온(SO_42-)을 1,000mg 이상 함유하고 있다. 양이온의 주성분에 의해, 나트륨 유산 염천, 칼슘 유산 염천, 마그네슘 유산 염천 등에 분류된다. 칼슘 유산 염천은 군마현의 호시 온천, 시즈오카현 아마기유가시마 온천 등이 있다. 류머티즘, 타박상, 화상 등에 좋다.

6. 철분 함유천

온천수 1kg 중에 총철이온(철Ⅱ 또는 철Ⅲ)을 20mg 이상 함유하고 있다. 온천이 용출한 다음 공기에 접하면서 철의 산화가 진행되어 적갈색이 되는 특징이 있으며, 효고현 아리마 온천 등이 유명하다.

철분이 적은 경우는 다갈색, 초록 갈색, 황갈색 등을 띤다. 빈혈과 류머티스, 부인병, 갱년기 장애, 만성습진에 좋다.

7. 유황천

온천수 1kg 중에 유황을 2mg 이상 함유하고 있다. 단순 유황형과 황화수소형으로 나뉘고, 일본 온천에서 비교적 많이 볼 수 있다. 계란 썩는 듯한 특유의 냄새가 나는 것은 황화수소 때문이다. 군마현 쿠사츠 온천, 이와테현 스카유 온천, 아오모리현 뉴토 온천 등이 유명하다. 모세혈관과 관상동맥을 확장하고 심장기능과 동맥경화증을 개선시키며 습진 등 피부병에도 효과가 있다.

8. 산성천

온천수 1kg 중에 수소이온($H+$)을 1mg 이상 함유하고 있다. 유리의 황산이나 염산의 형태가 포함되어 강한 산성을 나타낸다. 유럽에서는 볼 수 없지만, 일본 각지에서 볼 수 있는 온천수이다.

9. 라듐천(방사능천)

온천수 1kg 중에 라듐을 20퀴리 이상 함유 하고 있다. 방사능이라고 하면 인체에 악영향을 미친다고 생각하기 쉽지만, X레이 등의 방사선량보다 훨씬 적은 극 미량의 방사능은 인체에 좋은 영향을 주는 것이 검증되었다. 톳토리현 미사사 온천, 야마나시현 마스토미 온천 등에서 볼 수 있다. 고혈압, 동맥 경화, 신경통, 진정작용 등에 좋다.

◖ 온천수는 몸에 어떻게 작용하나?

온천수의 성분에 의해 나타나는 효능으로, 가스나 이온 등이 체내에 흡수되어 나타난다. 피부에 흡수되고 혈액에 들어와 전신에 골고루 미쳐 피부, 피하 조직, 근육 등의 세포에 작용하는 것과 동시에 신경계에도 작용한다. 체내에 흡수된 온천 성분의 자극이나, 온천에 여러 번 입욕하면서 받는 자극에 의해 신경계통의 조정이나 내분비 기능을 조절하는

작용이 있다. 온천 성분과 관계없이 도심에서 벗어난 온천지의 자연 환경이 신체에 좋은
영향을 미치기도 한다.

그러나 폐렴, 유행성 감기, 이질, 티푸스 등 항생 물질을 사용하는 병이나 증상은 대부분
온천 요양에 적합하지 않다. 암이나 육종, 중증의 당뇨병, 백혈병, 임신 초기와 말기에도
온천욕을 금하는 것이 좋다.

🜄 온천 입욕 순서는?

1. 탕에 들어가기 전 몸을 가볍게 씻는다.

   온천탕에 들어가기 전에 먼저 몸에 물을 끼얹고 간단히 샤워를 한다. 이를
   가케유(かけ湯)라고 하는데, 갑자기 뜨거운 물에 들어가면 혈압이 급상승해서
   고령자나 고혈압 당뇨병자는 뇌출혈의 위험이 있다. 또한 몸을 깨끗하게 하는 것이
   공동 온천탕에서의 매너이다. 여성들은 화장을 깨끗하게 지운다.

   가케유의 순서로는, 먼저 차가운 발부터 5~6번 물을 끼얹고, 그 다음 무릎, 허리,
   어깨, 머리 순서로 뜨거운 물을 10번 정도 끼얹는다. 온천수보다 미지근한 물로 한다.

2. 반신-전신의 순서로 입욕한다.

   갑자기 온몸을 뜨거운 물에 담그면 열의 자극도 크고 수압으로 전신의 혈관이나 폐가
   압박받아 심장에 압력이 가해진다. 그러므로 반신욕부터 시작하는 것이 좋다. 2~3분
   후 허리를 펴고 몸이 자연스럽게 떠오르는 자세로 편안하게 온천욕을 한다. 온천탕이
   좁은 경우는 어깨까지 잠기는 전신욕을 한다.

3. 1회 입욕 시간은 땀이 흐르는 정도, 입욕 – 휴식은 3회까지만 반복한다.

   땀이 흐르면 몸이 충분히 따뜻해졌다는 증거이다. 혈액이 체내를 한 바퀴 도는 시간은
   1분 정도이다. 2~3분이면 몸이 점점 따뜻해지게 된다. 따라서 뜨거운 물에 3분 있는
   것보다 조금 뜨거운 물에 20분 있는 것이 몸을 깊은 곳부터 천천히 따뜻하게 덥혀준다.
   39±1℃의 온천수에서는 땀이 흐를 때까지 1회, 혹은 2회까지 한다. 42℃ 이상의
   뜨거운 물에서는 땀이 흐르면 탕에서 나와 잠깐 쉬고, 2~3분을 넘기지 않는 것이 좋다.
   입욕과 휴식을 1세트로, 3회까지 한다. 지나치게 오래 입욕하면 현기증이 나고 의식을

잃을 수도 있어 위험하다. 머리에 젖은 수건을 올려두면 어지럼을 예방하는데 도움이
된다.

4. 입욕 후에는 물기만 닦는다.
   온천수는 광물질을 포함하고 있는데, 피부 지방과 결합하여 피막을 형성해 보온
   효과가 있다. 샤워로 이 피막을 흘려버리면 온천의 효과가 없어지는 셈이다.
   산성천이나 유황천의 경우 피부·점막이 약한 사람은 가볍게 물을 흘려 씻는다.

5. 온천 후 물을 마신다.
   온천욕 중에는 땀으로, 혹은 땀을 흘리지 않아도 피부에서 체내의 수분 증발이 높아져
   혈액이 응축되기 쉽다. 따라서 온천욕을 마친 후 1~2잔의 물을 마셔 수분을 보충한다.
   온천수나 차, 생수, 스포츠 드링크 등을 마시고, 차갑거나 뜨거운 것은 상관없다. 맥주
   등의 술은 탈수를 가져오므로 수분을 보충하는 것이 먼저이다. 그리고 온천 후에는
   휴식한다. 온천욕은 많은 에너지를 소비한다. 혈압도 높아지기 때문에 컨디션이
   안정될 때까지 30분 정도는 휴식하는 것이 좋다.

6. 식후 30분~1시간 이후 입욕한다.
   온천탕에 들어가면 혈액이 체표에 모여 위장의 혈액 순환이 나빠지고, 위액의 분비와
   위장의 운동이 멈추게 된다. 따라서 식후 30~60분 휴식 후에 입욕하는 것이 좋다.
   음주도 마찬가지이다. 혈액 순환이 흐트러져 혈압 저하, 심박수 증가 등으로 뇌빈혈,
   부정맥 등을 일으킬 수 있다. 저녁 반주 정도라면 1~2시간 후 취기가 어느정도 깨고 난
   다음이 좋고, 과음하면 다음 날 입욕한다. (일본건강개발재단 http://www.jph-ri.or.jp
   참고)

● 료칸이란?
   료칸(旅館, りょかん)은 일본의 전통적인 숙박시설을 말한다. 료칸은 호텔과는 다른 몇
   가지 특징이 있다.
   1. 신을 벗고, 유카타를 입고, 공동 온천탕 이용
      료칸은 호텔처럼 신을 신고 들어가지 않는다. 숙소나 방의 현관에 구두를 벗고,
      슬리퍼나 게타를 신고 료칸에 머무르는 동안에는 어디에서라도 유카타를 입을 수

있다. 공동의 대목욕탕에서 온천욕을 하면서 편히 쉴 수 있는 일본 특유의 숙박 스타일이다.

료칸은 호텔과 달리 다다미가 깔린 전통 화실(和室)을 두 사람 이상이 이용하는 것을 전제로 운영하는 곳이 많아 1인이 이용이 불가한 곳도 있다.

2. 오카미와 나카이의 극진한 서비스

료칸의 서비스는 오카미(女将)가 책임지고 있다. 오카미는 료칸의 안주인으로 도착하는 손님에게 환영인사를 하는 것부터 요리를 나르고 객실을 관리하고 이부자리를 준비하는 일까지, 접객 업무를 관리한다. 료칸에서 오카미가 차지하는 부분이 커서 료칸의 3대 매력을 전통, 맛있는 음식, 오카미의 극진한 대접으로 꼽기도 한다.

각 객실을 담당하는 여성 직원인 나카이(仲居)가 있다. 손님을 방으로 안내하고, 환영의 의미인 화과자와 차를 내어주고, 객실 내 식사를 옮겨다 주고, 잠자리 이불을 준비하고 정리하는 등 한 객실마다 한 명의 나카이가 극진한 서비스를 제공한다.

3. 다다미 방에서 식사

료칸의 독특한 서비스로, '객실 식사'가 있다. 일본 전통의 정서를 느낄 수 있는 화실(다다미 방)에 어울리는 서비스의 하나로 방까지 식사를 가져와 대접한다. 최근에는 음식 냄새가 밴다는 등의 이유로 식당에서 식사하도록 하는 료칸이 늘어나고 있다. 취향에 따라 료칸 선택의 포인트가 된다.

4. 1박 2식(조·석식)이 기본

료칸의 숙박 요금에는 1박 2식이 포함되어 있다. 요금의 반은 방값, 반이 식사비라고 할 수 있다. 요리의 개수나 계절 별미에 따라 숙박비가 달라진다. 지역에서 나는 신선한 재료와 향토 요리를 제공하는 것이 특징이며, 일본 정식 코스요리인 가이세키 요리(會席料理)가 나온다.

5. 이부자리 정리

대부분의 료칸은 다다미 위에 침구를 깔고 잔다. 침구는 일본 특유의 이불과 두툼한 요, 담요나 얇은 이불, 베개 등의 한 세트를 사용한다. 저녁 식사가 끝나면 나카이 상이 객실을 정리하고 붙박이장에서 이불을 꺼내 잠자리를 펴 주고, 아침에는 이부자리를 정리해 준다.

◐ 료칸 예약과 이용 요금?

전국 각지에 료칸만도 4만 3천채가 넘고, 그 형태도 다양하다. 온천 마을도 100채가 넘는 료칸이 있는 곳부터 십여 채가 있는 작은 마을도 있어 료칸 고르기가 쉽지 않다. 료칸의 주요 자랑인 식사는 단시간에 준비할 수 없기 때문에 사전 예약이 기본이다. 먼저 료칸 홈페이지의 숙박 플랜을 살펴보고, 여행사나 예약 사이트와 비교해 본다. 요금이나 내용이 같으면 어디에서 예약해도 좋다. 문의 사항이 많거나 여러 가족이 함께 이용할 경우 전화 예약이 가장 좋다. 료칸에는 단독채, 온천탕이 붙어 있는 경우, 침실과 거실이 있는 경우, 요리 내용에 따라 가격이 달라짐으로 상세 내용을 반드시 확인해야 한다. 사이트에 제시된 요금은 1박 2식 1인을 기준으로 하며, 1실에 2인이 묵는다. 3~4인이 묵는 경우 10~20% 저렴해진다. 방의 종류, 저녁 식사 요리의 종류와 장소(객실 혹은 식당), 특선 요리(코스로 나오는 요리가 수십 종에 이르기도 함)와 기본 요리에 따라 요금은 크게 달라진다. 또한 성수기와 주말에는 더 비싸다. 같은 료칸에서 저렴한 플랜은 방이 좁거나 요리 종류가 줄어든다.

어린이의 경우, 통상 어른의 70%(요리 수가 적다)이고, 50%는 아이 요리만, 30%는 식사 없이 침구만 제공하는 것이 보통이다. 각각 료칸에 따라 요금이 조금씩 다를 수 있고, 고급 료칸의 경우 아이 동반이 불가능하거나, 어른 1인 숙박이 불가능한 곳도 있다.

◐ 료칸 이용할 때 주의점은?

체크인 및 객실 입실

체크인은 통상 오후 2시~3시경이며, 체크아웃은 오전 10시경이다.

여관에 따라서는 신발을 현관에서 벗는 경우와, 객실 입구에서 벗는 경우가 있다.

프런트에서 수속을 마치면 객실담당 종업원이 객실까지 안내하며 대욕장, 노천온천, 식당 등 료칸의 시설 및 서비스에 대해 설명을 해 준다. 전통적인 일본식 방인 화실에는 등받이 의자가 있고, 대부분 베란다 또는 방의 한쪽에 의자 및 테이블이 있어 정원이나 밖의 경치를 즐길 수 있는 공간이 있다. 그리고 유카타(浴衣)와 버선 혹은 게타용 양말, 겨울철에는 단젠(丹前=솜 옷) 또는 하오리(羽織=일본식 코트)가 비치되어 있다.

호텔에서는 유카타를 입고 객실 밖으로 나가는 것이 금기시 되고 있지만 료칸에서는 유카타 차림으로 대욕장, 노천온천을 가거나 여관 주변을 산책하는 것이 자연스럽다. 유카타 차림으로 여관 밖을 나갈 때는, 나무로 만든 게타(나막신)나 샌들을 신는다.

유카타 입기
체크인 후 저녁을 먹기 전 온천을 즐길 수 있는데, 온천으로 가기 전에 유카타를 입는다. 온천 마을에서는 남성과 여성을 가리지 않고, 유카타를 입고 게타를 신고 총총걸음으로 온천 순례를 하는 것이 큰 즐거움 중 하나이다.

온천욕장
료칸은 실내탕, 노천탕(露天風呂), 대여탕(貸し切り湯) 등 다양한 온천탕을 갖추고 있다. 대자연 속에 위치한 료칸의 경우 다양한 온천탕을 갖춘 경우가 많고, 마을을 이루고 있는 온천지의 료칸은 외탕이 발달하여 료칸 내에는 실내탕만 갖추고 있는 경우도 많다. 1시간 내지 2시간 동안 온천탕을 빌리는 대여탕은 무료인 곳이 있는 반면 1000~3000엔 내는 곳도 있다. 프론트에 문의하여 시간을 예약한다. 온천탕은 어느 때나 이용할 수 있으나 안전과 위생 면에서 목욕시간이 정해진 곳도 있다. 보통은 남녀탕이 따로 있으나 늦은 밤이나 이른 새벽에 남녀탕을 바꾸기 때문에 이용 시간을 확인해야 한다.

음식물 반입은 금지
간단한 음료수 등은 상관없지만, 료칸은 기본적으로 숙박, 음식업소이기 때문에 식사 때 음식을 꺼내 놓는 것은 곤란하다. 특히 여름철 도시락이나 주먹밥 등 식중독을 일으킬 수도 있는 음식물은 특히 료칸에서는 반입을 금한다. 이로 인한 책임 문제가 따르기 때문이다.

저녁 식사
보통 저녁 5시~8시 사이 원하는 시간을 선택할 수 있다. 요리의 주재료는 육류보다는 생선류가 많고, 회(사시미) 요리가 주로 나온다. 재료의 담백한 맛을 최대한 살려 '먹는 즐거움'을 제공하는 가이세키 요리는 제철 재료를 활용하여 계절마다 별미 요리가 나온다. 코스로 나오고 재료에 따라 다양한 그릇에 담겨 나오기 때문에 먹는 속도나 양을 조절해 가며 천천히 즐길 수 있다.

팁은 불필요

요금에 세금과 봉사료 개념이 포함되어 있기 때문에 나카이에게 따로 팁을 줄 필요는 없다. 다만 고마움의 표시로 가벼운 선물을 하거나 마음을 표시하는 것은 좋다.

온천 마을에서 입는 유카타와 게타는?

료칸의 객실 내에는 일본 전통 옷인 유카타가 비치되어 있다. 일본 전통 색상과 무늬가 다양한 유카타는 보통 집에서 편하게 쉴 때나 여름 축제 때 입는 옷이다. 그러나 온천 지역에서는 유카타를 입고 료칸 내를 다니거나 밖으로 외출할 때도 입는다. 유카타를 입고 온천 마을을 다니는 모습은 일본 온천의 대표적인 이미지이기도 하다. 료칸의 홍보도 되기 때문에 료칸들은 저마다 독특한 유카타를 비치해 놓거나 다양한 유카타를 대여해 주기도 한다. 게타(下駄)와 와가사(和傘, 일본식 우산)를 대여해 주는 곳도 있다.

유카타는 남녀가 구별되어 있으며, 겨울에는 유카타 위에 짧은 겉옷인 하오리(羽織)나 방한용인 단젠(丹前)을 입는다. 유카타는 길이가 너무 길지도 짧지도 않게, 발목 정도에 오는 것을 고른다. 남녀 모두 왼쪽 앞부분을 오른쪽 앞부분 위에 겹치도록 여민 다음 허리띠를 매어 입는다.

게타는 일본 전통 신발로, 나무로 만든 슬리퍼다. 엄지발가락을 걸 수 있도록 되어 있어, 료칸에서는 게타를 신을 수 있도록 발가락 양말을 비치해 둔다.

일본 온천 료칸(りょかん) 여행

개정증보판 1쇄 펴낸날 2025년 2월 20일

지은이 이형준
펴낸이 정원정, 김자영
편집 홍현숙
디자인 LOOKBOOK STUDIO

펴낸곳 즐거운상상
주소 서울시 중구 충무로 13 엘크루메트로시티 1811호
전화 02-706-9452 팩스 02-706-9458
전자우편 happydreampub@naver.com
인스타그램 @happywitches
출판등록 2001년 5월 7일
인쇄 천일문화사

ISBN 979-11-5536-230-3